暢銷修訂版

產婦・新生兒
居家照護全圖解

新手父母一次上手育兒百科！

日常基礎照護 × 小兒常見疾病 × 產後常見問題
產婦乳腺疏通 × 中醫體質調理，
權威醫師給你最完善解答

台灣母嬰月子醫學會 著

　　婦女從懷孕到產後期間，身體與心靈都有著莫大地變化，不少孕婦尚會出現身體不適及情緒問題。這些衝擊與改變，會從懷孕初期一直持續到生產之後，而接下來哺育照顧新生兒的階段，對許多父母而言，更是一項艱困難眠的考驗。何況婦女產後身體較為虛弱，尚需適度調理，始能避免產後的健康問題。所幸我們數千年的中醫理論精華，正好提供從生育計畫、懷孕照顧、產後調理，乃至育嬰養護等各階段的疑難解答，足以協助辛苦的爸爸媽媽們，順利地走過這段人生的重要旅程。

　　由社團法人台灣母嬰月子醫學會出版的《產婦・新生兒，居家照護全圖解：新手父母一次上手育兒百科》，是一本全方位的孕產育嬰指南。透過該專書鉅細靡遺、圖文並茂地介紹解析，即便是新手爸媽，也能立即掌握育嬰的關鍵技巧。另外，對生產前後的婦女而言，本書的最大特色，正是融入中醫博大精深的養身調理觀念，是眾媽媽們生產前後最不容錯過的母嬰照護寶典。而旺全在此要特別感謝陳建輝中醫師、黃俊傑中醫師等兩位醫界碩彥所執筆的「中醫坐月子」篇章，內容亟符合產後婦女對於健康的需求，諸如水腫、脫髮、貧血、多汗及憂鬱等等症狀，亦有豐富完整地評析解說，同時輔以飲食作息、居家護理等專業建議，均屬兼具深度與廣度的寶貴鴻文。誠摯邀請您一塊兒來閱讀分享！

中醫師公會全國聯合會理事長
義守大學後中醫學系講座教授

陳旺全 醫師

　　台灣近年來生育率在全球排名始終敬陪末座，少子化風暴正席捲台灣。根據行政院內政司的數據，自 2012 年始至 2018 年，台灣總生育率約為 1.1，每個家庭養育的孩子大多只有一個、兩個，而生母首胎平均年齡約 30 歲，逐年逼近 31 歲；現今的台灣家庭結構越來越趨向獨子、少子的型態，新手父母及其家人面臨新生兒的降生，多是期待緊張、戰戰兢兢的心情。而社團法人台灣母嬰月子醫學會出版的《產婦‧新生兒，居家照護全圖解：新手父母一次上手育兒百科》，由中醫界母嬰專業的陳建輝醫師執筆，陳建輝醫師戮力於孕婦和新生兒照護，將醫學知識和行醫多年累積的臨床經驗，從新生兒照護、嬰兒常見問題、母乳哺育、產後媽媽的生理變化，用生動、淺顯易懂的文字輔以精美的圖片詳加說明，最後一章節更有筆者的細膩思辨暢談中醫坐月子，內容豐富精彩、面面俱到，不僅提供實用的觀念和訣竅，也將常見的迷思一一釐清，提供全方位的母嬰照護資訊，讓產婦及其家人都能透過本書獲得助益和支持，用歡喜心迎來新生命的降臨。

　　敝人行醫多年，臨床上常遇準爸爸、準媽媽諮詢有關產前產後和新生兒問題，而本書精實、正確的資訊，已為多數問題提供了解惑和釋疑，讓產婦和家人能一同做到良好的照護，期盼本書的資訊能進一步帶給新生兒健康、優質的成長環境。敝人樂見專業優良好書的問世，故欣以為序，鄭重推薦本書，期盼其中的知識能帶給更多家庭、父母更正向的裨益，讓母嬰的身心靈都平安喜樂！

中醫師公會全國聯合會監事長

劉富村 醫師

　　近幾年，世界經濟論壇（World Economic Forum）與世界銀行（World Bank）對全球競爭力的研究報告指出，影響國家未來興盛與否的關鍵因素，取決於國家能否提供嬰幼兒童最好的營養與教育，此將決定性地改變國家人力資源的發展與結構。職是之故，一個富足強盛的國家，必有孕育新生命及哺育下一代的良策方針，尤其，如何維持穩定的國家生育率，並使孕婦乃至嬰幼兒的身體健康與營養狀況，皆能獲得完善的照護，更是國家發展的重要核心，值得舉國凝聚資源，傾力挹注。

　　富揚行醫多年，長期投入婦科與孕產的醫療暨研究等工作，深知要孕育優秀的國家幼苗，準媽媽們的心靈與身體健康，是至關重要的因素。故從備孕期間開始，即應參考專業的母嬰月子照護書籍，汲取正確的知識，提早準備懷孕所需營養，以及了解如何照養嬰幼兒的方式，讓自己能更快樂地迎接小天使的到來。此外，產後婦女的身體調養，攸關母親能否以最好的身心狀態給予寶寶全方位的照顧，亦是不容忽視的重點，而中醫在產後調養的成效上，爾來深得全球醫界與民眾的肯定，值得準爸爸媽媽們參考。

　　社團法人台灣母嬰月子醫學會出版的《產婦・新生兒，居家照護全圖解：新手父母一次上手育兒百科》，是當前最豐富且完整的孕產育嬰專書。其結合中西醫對於孕產育嬰的綜合觀點，並以具體圖片詳盡地解說食療、養生與照護等方式，內容精闢、淺顯易懂，更難能可貴的是，該書「中醫坐月子」篇章，邀請醫界泰斗陳建輝中醫師及黃俊傑中醫師等名醫提筆寫作，渠等以文字探勘方式，扼要地介紹中醫在處理產後病痛與調理養身等方式，並透過大量圖片提供讀者辨識理解，是千載難逢的母嬰月子照護專文，值得鄭重推薦所有朋友們閱讀收藏。

中醫師公會全國聯合會秘書長

柯富揚 醫師

　　一個新生命開始在準媽媽子宮內孕育成長，經過懷胎 10 個月終於臨盆產下寶寶；寶寶呱呱落地之後，新生兒的照顧與母體坐月子的調養，對新科媽媽來講都是一大功課。尤其現代的小家庭不再像農業社會時代，有公婆整天在旁幫忙與經驗傳承，因此在這一段時間寶寶的日常生活照顧、飲食及常見的一些小問題，對新科媽媽在精神、心理方面都是很大的壓力。

　　陳建輝醫師是位有熱誠、有愛心、有理想的醫療人員，平時執行醫療工作視病如親，頗獲佳評；陳醫師有感於新科媽媽艱辛的心路歷程，秉持醫者父母心的慈悲，希望能夠幫助更多的新生兒家庭，創立了「社團法人台灣母嬰月子醫學會」，召集有志一同的醫師，提供專業的資訊來幫助需要的朋友。

　　本書由「社團法人台灣母嬰月子醫學會」撰寫編輯，書中詳細介紹新生兒照護重點、飲食及常見健康問題，產後媽媽的生理變化、哺乳的方法與技巧，以及產後常見問題的調理，最後介紹中醫坐月子與其他常見症狀調理的方法，完整地將坐月子期間會碰到的問題提出了對策，是一本給新科媽媽很好的參考書。

台北市中醫師公會理事長

林展弘 醫師

推薦序

　　台灣人對於「月子」的重視已久，隨著社會變遷，以往傳統社會中類似「禁錮」在家的方式不復存在，更多如月子中心、產後照護機構等如雨後春筍般成長，不論坐月子還是產後護理，幾乎是現代全球媽媽都會注意的細節。欣聞社團法人台灣母嬰月子醫學會出版《產婦‧新生兒，居家照護全圖解：新手父母一次上手育兒百科》，裨益產婦在生產過後，得到良好的照護與育兒知識。舉凡環境安排、沐浴、飲食，以至於常見健康問題，以及哺育方式、調養、食療建議等都有詳盡的闡述，可以說相當全面。

　　中醫對於月子的調養由來已久，對於產婦懷胎十月與生產對身體的負擔，我們需要用最審慎的態度來考慮，同時隨著不同的體質來決定食材與藥材的搭配。中醫強調個人的「辨證論治」，根據媽咪們的狀況來做最好的安排，搭配四時與節氣，進行飲食及產後的調理，本書也將飲食宜忌、藥膳食補等羅列於後，兼有知識與趣味，可謂相當用心。

　　台灣母嬰月子醫學會在陳建輝理事長的領導下，因應社會需求，結合專業中醫師、西醫師、牙醫師、護理師、營養師、泌乳師、育兒師及中西料理名廚等各領域專業人員，倡導並提升母嬰照護品質，積極培養專業的母嬰照護人力，尤為可貴。陳理事長亦秉持認真負責的態度，主持本照護全書的編纂，造福維護民眾的健康，深具意義，特為之序。

新北市中醫師公會理事長

洪啓超 醫師

當妳在翻閱這本書時,相信妳可能正準備懷孕或者是位快樂的孕媽咪,也或許,妳已經是散發母性光輝之美的媽咪,總之,恭喜妳!

近年來台灣女性生育年齡日趨高齡化(生育第一胎平均年齡為 30.83 歲/民國 106 年),伴隨國人經濟水準及健康意識的提升,即將迎接新生命的爸媽們,對於產後月子養護、產後身體不適的調養,以及小寶貝的照護等,也越來越加重視。

本書完整且詳細地介紹從新生兒的照護技巧,母乳哺育及媽咪如何坐月子,和產後常見的疾病護理、調理、運動教學等寶貴資訊,相信能讓更多的新世代媽咪,更加認識有關母乳育嬰的知識,為您解決這些惱人的育兒問題。

書中最主要的特色為「中醫坐月子」章節,教導大家九大體質辨證的原則,順應各種體質差異,進行食材與藥材的搭配調理;坐月子中藥調理四階段中,有詳盡的生化湯使用時機說明;其他產後症狀調理,除了對證調理的藥膳外,也有各部位的穴道按摩教學。

戰國名醫扁鵲曾說:「安身之本,必資於食;救疾之速,必憑於藥。不知食宜者,不足以存生也;不明藥忌者,不能以除病也。」充分說明了飲食的重要性。書中應用當地、當季、新鮮的食材,配合滋補養身的中藥材來保健強身、維持身體生理機能的穩定平衡,以達到全方位月子養生暨「不治已病治未病」預防醫學的目的。但若病情需要用藥時,仍應由醫師診斷處方來治療。

摯友陳建輝醫師,同時也是社團法人台灣母嬰月子醫學會創會理事長,是一位婦兒疾病的中醫專家,有多年的臨床經驗。率領該會醫師、學者及專家共同出版這本相當實用的《產婦·新生兒,居家照護全圖解:新手父母一次上手育兒百科》,是守護新手爸媽和生育第二、三胎的產婦必讀好書及最佳指南。

台灣中醫藥品質醫學會理事長

張景堯 醫師

推薦序

　　中醫是一門針對人來診治的全方位醫學，源遠流長，浩瀚淵博。其中中醫婦兒科學也有非常豐盛的發展歷史，早在《內經》、《難經》之中即有關於婦科及兒科論述的記載，尤其《內經》不僅建立了中醫各科臨床診治的理論體系，即便針對婦兒疾病也提出不少專門的論述，諸如從小兒的生長發育、體質特點、先天因素致病、疾病的診斷及預後判斷等；婦人胞宮、天癸、衝、任、督、帶、臟腑、氣血的生理功能和病理變化、診治概要等等，都有非常令人讚嘆的闡述。這為後世中醫婦兒科學的發展奠定了良好的基礎，而中醫治療「經」、「帶」、「胎」、「產」能夠有顯著的療效也是奠基於此。至東漢張仲景《金匱要略》言婦人的病理、病因、治療組方用藥等，更是開婦人病治療的先河。史書中明確記載的兒科醫師則始見於《史記・扁鵲倉公列傳》：「扁鵲……，聞秦人愛小兒，即為小兒醫」；古代醫籍中關於兒科疾病的記載，則見於西漢墓帛書《五十二病方》有「嬰兒病癇」、「嬰兒瘛」的記述。《漢書・藝文志》載有「婦人嬰兒方」19 卷，是最早期的中醫婦兒科方書。

　　歷經 2 千多年來的實證研究發展，中醫婦兒科疾病診治的理論基礎與診療模式更加趨於完備與健全，即如國學大師章炳麟先生所云：「中醫學術，來自實驗，信而可徵。」誠然也！

　　台灣母嬰月子醫學會創會理事長陳建輝醫師，長久以來即戮力於中醫理、法、方、藥的研究，不僅於臨床各科疾病之診治深獲療效，尤其對於中醫婦兒科理論的深入探究及有所專精，更是令人欽佩。

　　陳理事長有鑑於台灣新生兒出生率的降低對於人口成長衰退衝擊，以及嬰幼兒階段的照顧對於日後身心人格的發展，佔有著影響品質優劣的關鍵性地位；同時母體於產後處於多虛多瘀的狀態，於坐月子期間能夠得到最佳的照護，必然能改變體質，增進健康，為育嗣優良的下一代打下更為良好的身體基礎。同時媽媽能夠瞭解嬰幼兒的生理及心理狀態，則更有利於撫養優秀的下一代。這對於人類生命的延續，可說是立下了不可抹滅的深遠貢獻，值得我們為其喝采！

本書的主要內容分為五大章節，包含有新生兒的照護，對於新手媽媽而言，瞭解新生兒的生理特徵與照顧重點，讓媽媽不至於手忙腳亂，這是非常貼心的提醒。另外有嬰幼兒常見的健康問題，這個也是育兒過程中可能會遇見的問題，書中告訴你認識嬰幼兒可能症狀的要點，讓媽媽能夠心有定見的安心面對與處理。同時對於產後媽媽的生理變化，包含母乳的哺育、常見問題的照護與調理，乃至於促進健康增進的產後運動，都有完整且詳盡的介紹。當然，最重要的，也是不可或缺的就是中醫坐月子的篇章了，文中告訴大家有關於中醫體質與辨證的重點，還有中醫產後調理與常見症狀的調治，也介紹了中醫坐月子的飲食與茶飲供大家參考。這是一本非常完善的母嬰坐月子照護全書，內容深入淺出，非常適合閱讀，值得向大家推薦。

新北市中醫師公會名譽理事長

陳俊明 醫師

　　《產婦‧新生兒，居家照護全圖解：新手父母一次上手育兒百科》是一本女性一生中重要轉折期的百科全書，內容豐富而實用，對即將為人母或月嫂等專業人士來說，是非常實用的一本書。

　　本書從母親的心肝寶貝開始認識論及照護方法，小至衣物如何挑選、排泄物的認識、男女寶寶的不同照顧方式到飲食，大至異常情況的認識和處理方式，對產後媽媽的身心變化及其照顧，皆有很好的論述及建議，更對常見問題的預防有好的見解。產後運動也是本書的一大亮點，可使身體早日恢復孕前的健康狀態。

　　尤其更提出中醫的精華：體質的認識及中醫坐月子的觀點，達到「個體化」的最尖端醫學觀念，並指導藥膳製作。《產婦‧新生兒，居家照護全圖解：新手父母一次上手育兒百科》是綜合古今及中醫觀點的月子專書，是媽媽們解惑的良師，是不可缺少的參考書，是家庭必備的精品。

中華民國中醫婦科醫學會榮譽理事長

徐慧茵 醫師

自序

　　懷孕生子是大多數女性朋友在人生階段必須面對的課題。女性朋友一生中對身體最重要的三個階段分別為：轉骨成長期、懷孕及產後坐月子期、更年期，其中又以「產後坐月子期」最為關鍵。因為母體歷經了懷孕期間及生產過程後（自然產及剖腹產），生理構造與生理機能大幅改變，加上產後氣血大虛，又必須面臨親自哺育新生兒的壓力，所以產後的月子調養顯得格外重要且「必要」。

　　本人從事中醫婦科醫學治療多年，調理過無數婦科疾病患者，有感於許多女性朋友在懷孕期及產褥期面臨了不論是新生兒的照護或懷孕產後期間，對於專業知識上的疑惑及問題，特別邀集了數十位醫師及護理師、心理師、廚藝老師等各專業領域上的專家，針對新生兒照護及新生兒常見問題處理、母乳哺育及產後媽媽的生理變化等問題，提出解決之道，最重要是結合了「傳統中醫醫學坐月子」的專業知識，提供女性朋友如何在坐月子期間，用正確的方法養胎及照顧新生兒，希望此書的出版，能解決坐月子期間女性朋友所面臨的一切問題。

　　本書能如期出版要感謝副主編蕭善文醫師、黃俊傑醫師、蕭雁文護理師、李聖涵廚藝老師，以及所有參與編輯的專業醫師、護理師群協助，也感謝母嬰月子醫學會秘書詩閔及助理鈺婷的校稿，出版社編輯的協助出版，讓本書出版臻於完善。如仍有所遺漏之處敬請見諒，期望本書的出版能造福所有準媽媽們，並提供相關醫療工作人員專業領域方面的參考。

最後感謝為本書作序的推薦人

- 中醫師公會全國聯合會 陳旺全理事長
- 中醫師公會全國聯合會 劉富村監事長
- 中醫師公會全國聯合會 柯富揚秘書長
- 台北市中醫師公會 林展弘理事長
- 新北市中醫師公會 洪啟超理事長
- 台灣中醫藥品質醫學會 張景堯理事長
- 新北市中醫師公會 陳俊明名譽理事長
- 中華民國中醫婦科醫學會 徐慧茵榮譽理事長

台灣母嬰月子醫學會創會理事長

陳建輝 醫師 謹致

CHAPTER 1
新生兒照護

CHAPTER 2
嬰兒常見的問題與按摩

新生兒的特徵與評估　　　　18
・ 外觀特徵　　　　18
・ 生理特徵　　　　29
・ 寶寶的感知覺發育　　　　33

新生兒照顧重點　　　　36
・ 環境安排　　　　36
・ 衣物挑選　　　　38
・ 尿布更換　　　　39
・ 口腔護理　　　　42
・ 鼻腔護理　　　　42
・ 耳朵護理　　　　43
・ 眼屎護理　　　　44
・ 皮膚護理　　　　45
・ 排泄護理　　　　46
・ 新生兒睡眠活動　　　　48
・ 預防感染　　　　51
・ 我國現行兒童預防接種時程　　　　54

新生兒沐浴與臍帶護理　　　　55
・ 新生兒沐浴　　　　55
・ 寶寶生殖器護理　　　　62
・ 臍帶護理　　　　63

如何正確抱寶寶　　　　67

夜貓寶寶作息調整　　　　70
・ 寶寶睡眠知多少？　　　　70
・ 怎麼睡才安全？　　　　71
・ 如何讓寶寶感到舒適？　　　　72
・ 如何調整寶寶作息？　　　　73

嬰兒常見病症　　　　80
・ 發燒　　　　80
・ 溢奶與吐奶　　　　82
・ 臍疝氣　　　　84
・ 腸絞痛　　　　84
・ 便祕　　　　84
・ 腹瀉　　　　85
・ 尿布疹（紅臀）　　　　85
・ 啼哭　　　　86
・ 臍帶感染　　　　88
・ 濕疹與熱疹　　　　90
・ 其他　　　　91

嬰兒按摩　　　　93
・ 新生兒皮膚　　　　93
・ 觸摸的重要性　　　　93
・ 合適的按摩油與應用　　　　96
・ 手法簡介　　　　97
・ 嬰兒按摩的步驟　　　　102
・ 寶寶脹氣、腸絞痛的按摩護理　　　　110

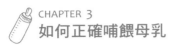

CHAPTER 3
如何正確哺餵母乳

CHAPTER 4
產後媽媽的生理變化

關於母乳 114

母乳哺育 116
‧ 哺餵母乳對媽咪及寶寶的好處 116
‧ 哺餵母乳的原則 117
‧ 母乳哺育的技巧 120
‧ 寶寶拍嗝方法 128

哺乳期間的注意事項 130
‧ 如何收集母乳 130
‧ 配方奶 135

哺乳常見問題和病症 139
‧ 寶寶拒絕吸乳的處理方式 139
‧ 乳頭裂傷 139
‧ 乳房腫脹 141
‧ 乳腺阻塞 143
‧ 泌乳痛 145
‧ 乳腺炎 146
‧ 乳頭較短或凹陷 149
‧ 產後缺乳及退乳 151
‧ 產後退乳 155

乳腺疏通技巧 158
‧ 乳腺疏通 158
‧ 乳房熱敷、冷敷的時機 164

何謂坐月子？ 166
‧ 子宮 166
‧ 賀爾蒙的變化 169

產後媽媽的評估與照護 171
‧ 生命徵象 171
‧ 乳房 171
‧ 產後乳房下垂的原因 172
‧ 子宮 173
‧ 惡露 176
‧ 傷口照護 177
‧ 腸胃道 180
‧ 產後心理變化－產後情緒低落 180

產後異常問題及預防 181
‧ 產後傷口疼痛 181
‧ 產後子宮疼痛 182
‧ 產後恥骨聯合處疼痛 182
‧ 產後感染（產褥熱） 183
‧ 產後排尿困難 186
‧ 產後便祕 188
‧ 產後痔瘡 191
‧ 產後子宮復舊不全 192
‧ 產後血栓靜脈炎 196
‧ 產後腰痛 198
‧ 產後血崩 200

產後運動 201
‧ 凱格爾式運動 203
‧ 腹式呼吸運動 203
‧ 上半身運動（頸部、乳部、骨盆） 204

- 下半身運動（擺膝、腿部、臀部） 　207
- 子宮收縮運動（膝胸臥式） 　208
- 腹部肌肉收縮運動（仰臥起坐） 　209

束腹帶的使用方法 　210

中醫九大體質辨證原則 　218
- 何謂體質 　218
- 先天體質與後天體質 　218
- 先要「觀」產婦體質，
  才可「察」身體的盈餘 　219
- 產後九大體質概述與飲食原則 　219

常用「坐月子」藥材辨識 　236

常見「坐月子」養身茶飲 　240

坐月子期間「食材挑選」原則 　242
- 產後飲食挑選三階段 　242
- 產後膳食的禁忌 　243

中醫產後調理 　244
- 產後調理基本原則 　244
- 坐月子中藥調理四階段 　245
- 產後飲食規範 　248
- 中藥沐浴 　250

中醫其他產後症狀調理 　251
- 產後水腫 　251
- 產後脫髮 　253
- 產後貧血 　256
- 產後多汗 　257
- 產後憂鬱 　259

CHAPTER

新生兒照護

新生兒的特徵與評估

　　嬰兒出生後與在媽媽子宮內的環境完全不同,所以需給予更多的照護來幫助他適應新的環境,特別是在出生後的 1 個月內。例如:在這個時期,嬰兒的視力會有許多的進展,而聽力的發育則趨於成熟。

外觀特徵

● 身高與體重

1. 測量身高可用量尺(或尺板),採仰臥或側臥(下壓膝蓋、將足跟緊靠足板),男嬰平均 50 公分,女嬰平均 49 公分,正常範圍約 45 ～ 55 公分。

2. 測量新生兒體重時,應全裸、不穿尿布、仰臥置於磅秤上,過程中確保新生兒安全。男嬰平均 3.4 公斤,女嬰平均 3.1 公斤,足月兒體重約在 2.5 ～ 4.0 公斤之間。

	男嬰	女嬰	正常範圍
身高	50 公分	49 公分	45 ～ 55 公分
體重	3.4 公斤	3.1 公斤	2.5 ～ 4.0 公斤

＊出生 1 週內體重減輕 5 ～ 10%,之後會逐漸回升,約第 8 ～ 14 天可恢復至出生時體重。

3. 新生兒出生後的第 1 週內會有生理性體重減輕的現象,這是因為體液的流失、二便的排泄、脂肪的消耗及去掉的胎脂等,使體重下降 5 ～ 10% 的負平衡時期,但是會在第 8 ～ 14 天恢復至出生時的體重。

身體比例

新生兒頭部和身長的比例大約是 1：4，雙手下垂，指尖可到大腿的一半。

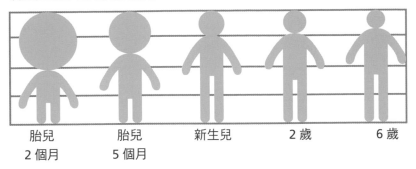

胎兒	胎兒	新生兒	2 歲	6 歲
2 個月	5 個月			

頭部

通常新生寶寶的頭形相較於成人更近似圓形，頭圍相對的大，平均大約為 33 ～ 37 公分。但是在分娩過程有些特殊情況，會使得頭部暫時變形，如產瘤、頭血腫、胎頭變形。

產瘤或頭血腫

多因自然分娩的過程中，有些胎兒的頭部較大，在通過子宮口和產道時，因為受到擠壓使得血流不暢造成的頭皮局部水腫或頭血腫。

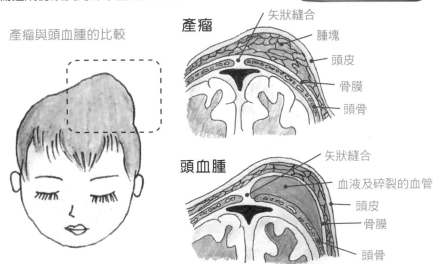

產瘤與頭血腫的比較

產瘤
- 矢狀縫合
- 腫塊
- 頭皮
- 骨膜
- 頭骨

頭血腫
- 矢狀縫合
- 血液及碎裂的血管
- 頭皮
- 骨膜
- 頭骨

產瘤與頭血腫的比較	產瘤	頭血腫
共同因素	1. 寶寶在生產過程中，受到產道的擠壓所造成的變化。 2. 不需治療，會自行吸收。	
部位	頭皮內	骨膜下出血
稍微加壓觸摸	凹陷	不會凹陷
性質	凸出柔軟的囊腫	血腫塊，觸感較硬
輪廓	不易確定	有輪廓
界線	模糊	清楚
恢復時間	數週內自行吸收消失	1～2個月會自行吸收消失

胎頭變形（molding of fetal head）

透過顱骨相互的重疊縮小頭圍以利通過產道，這樣的新生兒會有頭形較不對稱的特徵，此稱為胎頭變形或塑形，通常在出生後數天至數週內可自行恢復。

居家照護注意事項

- 不可在頭部任何部位進行穿刺及抽吸，須保持頭皮清潔、乾燥。
- 在接觸頭部時動作須輕柔，不可加壓或按摩。
- 禁止在頭皮上擦藥或冷敷、熱敷。
- 寶寶頭圍不正常變大或產瘤、頭血腫面積擴大，且同時出現噴射狀的嘔吐，食慾減退，嗜睡、活動力下降或容易受到刺激、哭鬧不易安撫、哭聲尖銳、抽筋；變形的頭部超過 3 個月仍未恢復正常者，則須回醫院就診。

小常識

如何維持寶寶的完美頭形？

1　選擇柔軟有彈性的枕頭，質地太硬容易造成頭部變形。

2　常幫寶寶翻身，改變睡姿，避免持續一種睡姿。

3　在側躺時，避免耳輪被折壓變形。

4　若習慣側向某一邊睡，可以用寶寶喜歡光線的特性，在另一側用不太強烈的光吸引他。

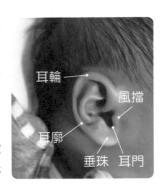

耳輪
風擋
耳廓
垂珠　耳門

新生兒頭部可摸到兩個囟門

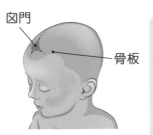

囟門
骨板

- 前囟門
一般會在 1 歲至 1 歲半時密合關閉。

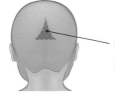

後囟門
2 ～ 3 個月會閉合

- 後囟門
一般會在出生後約在 2 ～ 3 個月關閉。

小提醒

雖然囟門應小心的照護，但囟門皮膚上若有結痂，仍應適當地清潔，否則皮膚的新陳謝會受到影響，甚者可能導致脂漏性皮炎。

何謂囟門？

嬰兒出生時頭頂有兩塊沒有骨質的「天窗」，醫學上稱為「囟門」。前囟常用「天窗」或「囟門」來稱呼。在囟門部看到明顯的跳動，是因囟門尚未完全閉合，尤其在寶寶哭鬧時最明顯。

這階段寶寶的囟門部分缺乏顱骨的保護，因此閉合之前都要防止堅硬物體的碰撞，更不可用手去按壓。幫寶寶洗澡時，清洗囟門動作要輕柔。

吸吮墊

● 臉部

　寶寶在嬰兒期時兩頰有吸吮墊（Sucking pad），尤其是在寶寶用力吸吮時會出現，哺餵母奶時特別明顯。

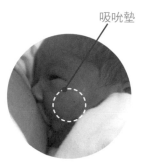

● 眼睛

· 兩眼瞳孔間距正常為 3.5 ～ 5.5 公分，若小於 3.5 公分者可能是小眼症；大於 5.5 公分者可能為唐氏症候群（Down's syndrome）。

· 出生後瞳孔即對光有反射反應，眼睛對異物的刺激會有眨眼反應或角膜反射。

· 出生 1 個月後眼睛的瞳孔會開始隨著鮮明物體而轉動。

· 視力範圍通常在 20 公分內，對明亮物體會有暫時注視的能力。對於紅色的刺激最敏感。

· 可能出現暫時性斜視（Temporary strabismus），兩眼同時轉向內側或外側的現象，大約 3 ～ 4 個月內會慢慢恢復。

- 眼睛的結膜下出血：因寶寶的頭部在產道中
  受到擠壓所致，一般會在數週內被自體吸收
  恢復。

眼睛間距	正常為 3.5 ～ 5.5cm <3.5cm 以上→小眼症 >5.5cm 以上→唐氏症候群（Down's syndrome）
異物反射	眨眼反應，角膜反射
視力範圍	約 20 公分內，可暫時注視明亮物體
顏色	對紅色最敏感
暫時性斜視 （Temporary strabismus）	兩眼可能同時轉向內側或外側，3 ～ 4 個月內會逐漸恢復
結膜下出血	產道中受擠壓，約數週後會自行吸收

● 鼻子

　　狹小的鼻道及鼻孔可以用來加溫吸入的空氣，而且已經會用打噴嚏的方式來排出異物。另外，對味道有辨別的能力，特別是自己媽媽的母乳味道。

● 口腔與舌

　　舌尖已有味蕾的分布，所以出生後就能分辨不同味道。

23

● 耳朵

耳道的形態大多由外向內，呈往上彎曲狀。能聽到 90 分貝的高音，對於突然產生的巨響會有驚嚇反射（startle reflex）。

新生兒對高、低頻的反應

	低頻	高頻
種類	溫和或節律性聲音，如心跳聲	大或尖銳的聲音、不規則曲調
反應	能穩定、安靜下來	有警覺反應，如躁動或哭鬧現象

※ 規律的節奏能有安撫的效果

小常識

新生兒聽力篩檢

僅用眼睛觀察嬰兒對聲音的行為反應，是無法正確診斷出寶寶聽力損失問題的，必須透過聽力檢查儀器，才可正確診斷出嬰兒的聽力損失。臨床上新生兒先天性聽力損失的發生率，比起出生時篩檢的先天性代謝疾病高出 10 至 100 倍。且先天性聽力損失應在寶寶出生後 3 個月前診斷，並於 6 個月大前開始配戴聽覺輔具與接受聽能復健 / 創健，如此才能有正常的語言發展歷程。

國民健康署網站

（101 年 3 月 15 日起，政府全面補助新生兒聽力篩檢，可詳見國民健康署網站）

嬰幼兒聽力簡易居家行為量表

（雅文兒童聽語文教基金會整理）

出生至 2 個月大	
□是　□否	1. 有無聽力篩檢
□是　□否	2. 巨大的聲響會使孩子有驚嚇的反應（如：用力關門聲、拍手聲）
□是　□否	3. 淺睡時會被大的說話聲或噪音干擾而扭動身體
3 個月至 6 個月大	
□是　□否	4. 當你對著他說話時他會偶爾發出咿咿唔唔的聲音或是有眼神的接觸
□是　□否	5. 在餵奶時會因突發的聲音而停止吸奶
□是　□否	6. 哭鬧時聽見媽媽的聲音會安靜下來
□是　□否	7. 會對一些環境中的聲音表現出興趣（如：電鈴聲、狗叫聲、電視聲等）
7 個月至 12 個月大	
□是　□否	8. 開始牙牙學語，例如ㄇㄚ、ㄅㄚ、ㄉㄚ等，並自得其樂
□是　□否	9. 喜歡玩會發出聲音的玩具
□是　□否	10. 開始對自己的名字會有回應、並了解「不可以」和「掰掰」的意思
□是　□否	11. 當你從背後叫他，他會轉向你或者有咿咿唔唔的聲音
1 歲至 2 歲大	
□是　□否	12. 可以說簡單的單字（如：爸爸、媽媽）
□是　□否	13. 可以了解簡單的指示（如：給我）
□是　□否	14. 2 歲左右時能夠重複你所說的話、片語（如：不要、沒有了）或是短句子（如：爸爸去上班）

　　以上指標僅供家長參考，但不能取代專業的聽力檢查，持續觀察之後，若每個階段的答案為「否」多於 3 項以上，建議讓您的孩子立即接受聽力檢查。

● 皮膚

藍色網狀皮紋

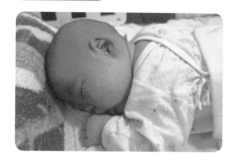

因嬰兒血管擴張功能尚未健全,可用溫熱法緩解症狀,大部分 1 歲內就會自然恢復。

胎毛

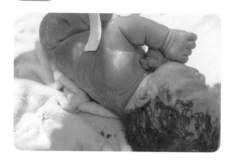

容易在肩膀後、背部、前額或耳垂等處看到胎毛,一般會在 3 ～ 4 個月左右逐漸脫落。

白色胎脂

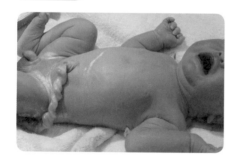

剛娩出產道時,身體會覆著一層乳白色滑溜的油狀胎脂,在皮膚皺褶處更明顯,能夠幫助新生兒維持體溫,避免冷空氣侵入,減少熱能消耗。通常在 3 ～ 4 天後,會逐漸脫落,不必刻意刮除。

脫皮

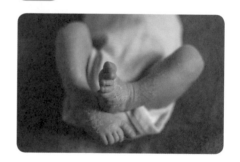

出生後 2 週內會有成片狀脫皮,特別是過敏兒更為明顯。因為皮膚的新陳代謝,在新的上皮細胞生成,舊的脫落過程中,皮膚上的胎脂會隨之而脫落,形成了正常生理性脫皮現象。可見到白色大、小片不一,薄且軟的皮屑脫落。

粟粒疹

新生兒皮脂腺發育尚未成熟,皮脂淤積皮下,會在鼻頭、前額、兩頰及下巴等處看見白色小粒疹子,大部分在出生後幾週內會自然消失。

新生兒紅疹

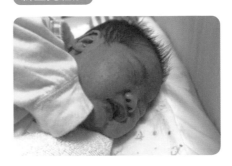

臉部和身體都可能出現紅色的疹子,是一種生理的現象,大部分出生後2～3天會自然消失。

蒙古斑

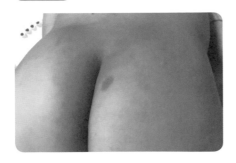

東方人較常見,出現在腰背部、臀部及大腿,與皮膚的界線不明顯,且形狀呈不規則,屬局部藍色素沉澱,幾年內就會消失,不需治療。

毒性紅斑

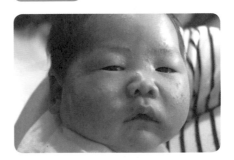

沒有毒性,不需治療的嬰兒皮疹,外形像是一顆小膿皰,但實際上不是膿皰。會很快消退,但又很快的在附近長出一顆新的。

是先天的血管畸形，屬於局部的血管增生所致。

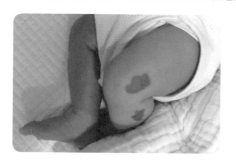

草莓狀的血管瘤，顏色鮮紅，凸出於皮膚表面，大多在嬰兒時期會逐漸變大，1 ～ 2 歲之間又會逐漸變小，最後消失，不需特別治療。

新生兒頸後、前額發現紅斑，俗稱「鮭魚斑」，也是血管的增生，1 周歲內會消失。

● 觸覺

剛出生時，觸覺是感覺系統中發育最好的，尤其是在唇、舌、耳、前額等部位。

觸覺刺激及運動可促進新生兒的生長和發育。透過輕拍背部、撫摸全身或按摩腹部，都可以達到按撫嬰兒的效果。

● 腹部

1. 呼吸為腹式呼吸型態，若呼吸時劍突部位呈凹陷狀，則代表寶寶有呼吸窘迫現象。

2. 腹部呈現飽滿而柔軟狀態，在比例上會比胸部大且圓。

3. 腹部的臍帶，需要用 75% 酒精先消毒後，再用 95% 酒精使其乾燥，並以臍紗包紮，通常 6 ～ 10 天後可乾燥並自行脫落形成肚臍。

4. 因肚臍內的腹部肌肉群尚屬薄弱，當寶寶用力哭泣或咳嗽時，可能因為腹腔內壓力大幅上升，造成臍疝氣。

🍼 生理特徵

1. 寶寶體溫調節系統發展尚未成熟，體溫穩定性較差，且血液循環回流不良，因此手腳末梢容易冰冷。當環境溫度低於 15℃ 時，新生兒基礎代謝率就會增加，進而引發肌肉顫抖來產生熱能。

2. 出生 1 個月內，因汗腺功能尚未健全，需藉由擴張周邊血管來散熱，所以出汗是新生兒體溫過高最初的表徵。

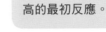

小提醒

出汗是新生兒體溫過高的最初反應。

3. 呼吸評估
   新生兒心肺功能尚未成熟，呼吸的深度及節律都不規律，皆以腹式型態呼吸為主。但是寶寶若出現鼻翼搧動、劍突（胸骨）凹陷、呼氣伴有呼嚕聲，即是呼吸系統出現異常的症狀。

小提醒

寶寶出現鼻翼搧動、胸骨凹陷、呼氣咕嚕聲，為呼吸系統異常的首要症狀。

4. 新生兒黃疸觀察
   新生兒的肝臟細胞對膽紅素的代謝功能（攝取、結合及排泄）不足，會造成生理性黃疸。通常會在出生 3 ～ 4 天出現，可能在第 5 天後達到高峰，約 1 週後會逐漸消退，輕微程度的黃疸並不會影響寶寶的健康。
   黃疸若無消退反而進展成嚴重的黃疸，就可能造成腦性麻痺或死亡。因此在這段期間要特別注意，如果黃疸變嚴重、胃口差、嗜睡、沒有活力，或持續 2 週以上仍不消退，應立即就醫診治。

小提醒

黃疸的評估

可藉由觀察寶寶全身皮膚、臉部、眼白（鞏膜）來評估，通常生理性黃疸會在 1 星期後逐漸消退，且哺餵母奶者黃疸消退比較慢，但在合理範圍內者仍可繼續哺餵母乳。

膽紅素（Bilirubin）是膽色素的一種。「膽紅素」是由衰老的紅細胞和機體內含血紅素的成分崩解所致，有毒性，可對大腦和神經系統引起不可逆的損害，但也有抗氧化劑功能，可以抑制亞油酸和磷脂的氧化。當血中積累的膽紅素超過肝臟向腸道排泄的量時，即出現黃疸。

紅細胞 　代謝　 產生「膽紅素」　　肝臟負責把「膽紅素」排出體外　　「膽紅素」多了引起黃疸

5. 分泌物

魔乳

嬰兒在出生 2 ～ 3 天內，體內含有母親賀爾蒙的濃度較高，因此可能會有乳房腫脹及分泌類似乳汁物質的現象，即稱為魔乳（witch's milk）。這是暫時性的現象，會自然消退。

假性月經

另外，出生後，由於母體賀爾蒙——雌性素的中斷，也可能造成女嬰在第 1 週出現陰道分泌粘液，甚至帶有血絲的假性月經現象。這也是暫時性的現象，會自然消退。

6. 嬰兒特有的反射行為

嬰兒出生即具備某些能力，如吸吮乳頭、握緊小手等，這些能力都是與生俱來的本能，有些在媽媽的子宮裡就已具備。

臨床常見的寶寶原始反射

反射	現象
覓食反射 （Rrooting reflex） 	當寶寶嘴唇周圍皮膚或上下唇被觸碰或刺激時，寶寶會將頭轉向受到刺激的方向，嘴唇會做出咬及含的動作。 覓食反射是正常新生兒具備的本能，因此寶寶不需被指導或訓練，自己就能找到乳頭。但是此反射會在出生後 3～4 個月逐漸消失。
握持反射 （Grasping reflection） 	當新生兒的手心被觸摸刺激時，寶寶的手指會立刻屈曲做出抓握的動作。如果手指觸碰寶寶的掌心，寶寶會立即握住手指，當試圖抽出手指時，寶寶也會越抓越緊。此反射通常在出生後 3 個月左右消失。
吸吮反射 （Sucking reflex） 	當用乳頭或手指輕碰新生兒口唇時，其會出現口唇及舌的吸吮動作。即便嬰兒在睡眠的狀態下，也會在一段時間內做出自發性的吸吮動作。約 3～4 個月後會逐漸由主動進食的動作所取代。 從吸吮反射觀察寶寶狀態： 1. 亢進→飢餓 2. 消失或明顯減弱→可能腦內有病變 3. 1 歲後仍有→大腦皮層功能發展障礙

反射	現象
擁抱反射 （Moro reflex） 	在新生兒仰臥的姿勢下，突然地製造出聲響，使寶寶驚嚇（又稱驚嚇反射），此時，寶寶會先將兩臂或四肢外展伸直，隨之而後即屈曲內收到胸前，呈現擁抱的動作。3～4個月後此反射狀態會消失。 從擁抱反射觀察寶寶狀態： 1. 若無此反射→腦損傷 2. 若只有一隻手無法做出反射→臂神經叢損傷或鎖骨骨折
眨眼反射 （Blinking reflex） 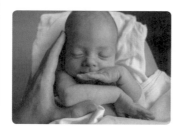	當新生兒眼睛受到刺激時，會迅速閉起眼睛或眨眼，如突然用強光照射，或睫毛、眼皮、眼角被物體或氣流刺激。此為出生就具備的防禦本能，此反射會終生持續。 從眨眼反射觀察寶寶狀態： 若無反射→眼盲
巴賓斯基反射 （Babinski's reflex） 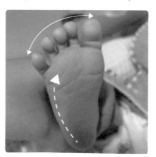	可以用手指在寶寶腳跟部輕輕向前劃至足掌外側，寶寶的腳拇趾會做出背屈的動作，其餘四趾則做出扇形張開的動作。

寶寶的感知覺發育

● 何謂感知覺？

是嬰兒認知的開始，也是最先發展成熟的心理過程。寶寶的感知覺活動是主動的、有選擇的心理過程。其藉由感知覺獲取周圍環境的信息，並以此適應周圍環境。

小常識

知覺的發展，是對於來自周圍環境訊息的覺察、組織、綜合及解釋，且透過各種分析儀器，共同參與多項刺激分析和綜合得知。

感覺的發展

視覺	視覺集中、追蹤運動、顏色、對光反應、視覺敏銳度
聽覺	可辨識語音、音樂、視聽協調等能力

知覺的發展

跨感覺通道知覺	整合來自不同通道的感覺訊息，透過多種感覺形式協同活動而產生的知覺。例如：手眼協調和視聽協調。
模式知覺	是指寶寶在感受一個圖案時，不單單感受到它各個組成的部分，而是能將這些部分轉換成一個整體（例如：人臉圖案）。 這種知覺能力是通過「視覺偏愛程序」（范茲設計的研究）所得知，研究表明新生兒具有先天的模式知覺。
深度知覺	研究發現，嬰兒 2 個月後對不同深度的刺激，會有不同的反應（例如心跳加快）。

寶寶具備一定的先天知覺能力，部分學者認為「感知覺發展在嬰兒期間已完成」，並認為其關鍵期是在出生之後的前 3 年，故若要其發展和完善，必須經過後天經驗的作用和訓練。

新生兒先天性代謝異常疾病篩檢（簡稱「新生兒篩檢」）

目的	嬰兒出生後，早期發現患有先天性代謝異常疾病的孩子，應立即給予治療。目前政府提供補助的新生兒篩檢項目共 11 項，應經過家長知情同意，並獲得父母簽署之書面同意書，方可進行篩檢。 由醫療院所對出生後滿 48 小時並已進食的新生兒，採取少許「足跟血液」。結果於 1 個月內完成，若有疑問會通知複檢，正常則不主動通知。
檢查項目	先天性甲狀腺低能症、苯酮尿症、高胱氨酸尿症、半乳糖血症、蠶豆症、腎上腺增生症、楓糖尿症、中鏈脂肪酸去氫酶缺乏症、戊二酸血症第一型、異戊酸血症、甲基丙二酸血症

臺北市新生兒篩檢諮詢資源
醫療財團法人病理發展基金會臺北病理中心
電話：（02）8596-2065、（02）8596-2050 轉 401 ～ 403
網址：https://www.tipn.org.tw
（資料來源：衛生福利部國民健康署）

嬰兒出院備忘錄

1. 性別　　　□男　□女

2. 出院體重　　＿＿＿＿＿Kg

3. 血型　　　　＿＿＿＿＿

4. 外觀特徵　□胎記　　□血管瘤　□耳瘜肉　□多指　　□頭血腫

　　　　　　□產瘤　　□足內翻　□長牙　　□珍珠貝　□疹子

　　　　　　□魔乳　　□白帶　　□兔唇　　□顎裂　　□假性月經

5. 飲食　　　1.奶量（母乳、奶粉）：＿＿＿＿＿

　　　　　　2.下次進食時間：□三小時一次　□四小時一次　□不定

　　　　　　3.吸吮力：＿＿＿＿＿

　　　　　　4.□溢奶　□吐奶

6. 排泄　　　1.小便：□未解　□正常

　　　　　　2.大便顏色：□墨綠　□黃色　　□黃土色　□黃中帶綠

　　　　　　3.大便型態：□胎便　□顆粒便　□糊便　　□稀便

　　　　　　　　　　　　□水便

7. 檢驗　　　黃疸：□沒有　□黃疸值＿＿＿＿＿mg/sl，需再追蹤

8. 預防針　　□ B 型肝炎免疫球蛋白

　　　　　　□ B 型肝炎疫苗第一劑

　　　　　　□其他

9. 護理　　　臍帶：□脫落　□未脫落

　　　　　　（保持乾燥並以 ＿＿＿＿＿% 酒精消毒臍帶四周及臍根、臍

　　　　　　夾部分）

　　　　　　紅臀：□沒有　□點狀　□一片

　　　　　　眼屎：□沒有　□有（□不需治療　□眼藥水）

新生兒照顧重點

環境安排

　　從母體脫離之後，寶寶需要給予更多的照護來幫助他適應新環境，尤其是出生 1 個月內的新生兒，更需細心呵護。

1. 由於新生兒的體溫調節中樞發育尚未成熟，所以室溫的變化對寶寶體溫的影響很大，應注意合適的室溫來維持寶寶正常體溫的穩定，避免寶寶耗氧與代謝增加。一般室內溫度應控制在 23 ～ 26℃（早產兒應在 25℃以上）。

2. 冬季使用保暖的電器時，亦應保持空氣的流通；夏季使用電風扇和空調時，注意風口不可對著寶寶直吹。

3. 另外，新生兒的呼吸系統也尚未成熟，應注意空氣品質且營造通風、清潔、安靜的空間。

4. 寶寶的房間應定時打開門窗，促進空氣的流通。若沒有新鮮空氣的對流更替，則寶寶的皮膚無法感受到溫度變化給予的刺激，且病菌滯留室內，如此反而更容易使寶寶的呼吸受到感染。應避免親友的探訪，尤其是有呼吸道疾病的親友，更應與寶寶稍微隔離。

5. 濕度方面，建議一般室內保持在 50 ～ 60% 為宜。如乾燥的冬天又須使用電暖器時，可用乾淨的濕布放在電暖片上，或是用蒸氣噴霧機來調節。

6. 保有適度陽光。寶寶的視覺發育需要有適度的陽光刺激，而且對寶寶鈣質的吸收有很大的幫助。此外，白天經常開窗讓寶寶接觸陽光，可以建立日夜的生理時鐘，陽光中的紫外線還有殺菌功能。但應避免陽光直接照射嬰兒的眼睛。

新生兒意外事件預防

避免將寶寶
單獨留在屋內

離開時應將
床欄拉起避免跌落

嬰兒床旁不要
放置尖銳物品

隨時注意
口鼻處是否悶住

奶嘴勿掛於頸部
避免繞頸

天冷時勿與他人
共用一條棉被

趴睡時不使用枕頭
或可使用透氣枕頭

衣物挑選

　　由於新生寶寶身體軟綿綿的，頭重及頸部脆弱無力，更不會配合大人穿衣，因此要幫寶寶更換衣褲時，對新手父母而言算是一件困難的工程。在穿衣的技巧上，通常會先穿上衣再穿搭褲子，並且順著肢體彎曲活動的方向進行。動作要輕柔小心，尤其是頭頸的保護。

一般紗布衣

長袖紗布衣

蝴蝶裝

包屁衣

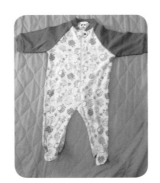
兔裝

妙妙裝

- 質地應以輕、軟、溫和為主。
- 材質以無刺激性且易吸汗的棉製品為宜。
- 型式應簡單，大小適宜，太緊或太寬鬆均會妨礙嬰兒活動。
- 避免尼龍或易褪色的材質。

尿布更換

● 舒適的位置

對照顧者而言，尿布台因為高度適宜，是最輕鬆舒適的設備。對寶寶而言，應在溫暖且乾淨的地方，亦可床上鋪乾淨的毛巾或小墊子來換尿布。在過程中應隨時注意保護寶寶以免摔落受傷。收拾需要用的物品後，將之置於隨手可拿的地方。

● 充分準備

先將需要用到的物品（如尿布、柔濕巾、護臀膏等）準備好，放在固定且容易拿得到的位置，以備更換尿布時使用。

● 徹底清潔

1. 在換尿布前照顧者應洗淨雙手。

2. 將寶寶的臀部放在打開的新尿布上，再打開舊的尿布。

3. 用柔軟的棉籤或柔濕巾，輕輕擦拭清潔寶寶的陰部和臀部。

4. 脫下褪去髒的尿布和衣服，並將尿布髒的那一面向裡面摺。

5. 再用一次性的擦拭紙清潔和擦乾陰部和臀部。如果大便黏稠需要徹底清潔時，可使用肥皂、流動水和紙巾。

● 使用嬰兒護理用品

寶寶的肌膚非常嬌嫩也非常敏感脆弱，因此可適時搭配護膚濕巾、護臀膏等護理用品。在需要謹慎徹底清潔小屁屁時，過度的清潔及擦拭亦會使寶寶臀部及陰部皮膚受損，反而導致感染、脹腫，應特別注意。

● 尿布更換步驟

Step1

將新尿布置於寶寶的舊尿布下方，
留意新尿布的頂端應放在寶寶腰際
的部位。

* 若舊尿布很髒，清潔時可先在腰臀部
下墊布、毛巾或者一次性尿墊，以免染
污新尿布。

Step2

打開舊尿布的腰貼黏貼處並向後折
黏，避免粗糙的黏貼處刮磨寶寶皮
膚。若寶寶大便可以先用尿布前面
乾淨的部分，將屁股的大便做初步
擦拭。

Step3

一手抓住寶寶的雙腳踝，稍微抬高
（臀部稍微離地即可），另一隻手
將髒尿布在屁股下向內對折，將乾
淨面朝上，預防髒屁股弄髒下面的
新尿布。視情況可再加以水洗或用
嬰兒濕巾、紗布等做進一步清潔。

* 女寶寶需從前往後（由尿道口朝向屁股
的方向）擦拭清潔，避免細菌感染。

Step4

將髒尿布移除，把新尿布前端拉起
並蓋住寶寶肚子。

* 男寶寶可將陰莖往下，能讓尿液被更大
的尿布面積所吸收，避免外漏。

Step5

在臍帶尚未乾燥脫落前,不要讓它被尿布所遮蓋,防止染污。可將尿布稍微向下反摺,並向兩側拉平雙腿間的尿布,讓寶寶更舒服。

Step6

將兩端的腰貼黏牢,需留約 1 ～ 2 指的縫隙,貼黏太緊會使寶寶不舒服。並注意不可讓腰貼刮磨到寶寶的皮膚。

Step7

最後,將兩側的防漏隔邊向外拉出,可預防側漏。

小常識

寶寶尿布更換要點

1 當發現嬰兒大小便時,應即時更換尿布並清潔。

2 並用溫水洗淨屁股,再以棉巾輕輕拭乾。

 小提醒

當寶寶有尿布疹時,每次更換尿布可使用護臀膏在臀部周圍的皮膚上建立一層保護膜,以緩解尿布疹及防止更進一步的感染和過敏。

口腔護理

新生兒的口腔黏膜非常薄嫩脆弱，很容易受損，進而產生感染，必須小心照護。

● 護理寶寶口腔的方法

1. 在餵奶前，照顧者須先洗淨雙手，親餵者，應再用小毛巾浸濕溫開水，將乳頭擦拭乾淨。

2. 在寶寶喝完奶後，應用沾濕溫開水的消毒紗布輕輕地清理寶寶的口腔，動作必須輕柔。

鼻腔護理

● 護理寶寶鼻腔的方法

新生兒若有鼻屎或鼻涕，鼻腔可能因此堵塞而影響呼吸，嚴重者可能會造成呼吸困難。所以，必須適時地幫助寶寶清除，保持鼻孔清潔通暢。

清理寶寶鼻腔時，需先托穩寶寶的頭頸部，再以乾淨的棉籤淺淺地在鼻孔內周圍輕輕轉動即可。當鼻屎結硬或鼻涕黏稠時，不可強行硬拔、硬扯，應先將其濕潤待軟後沾出，動作須輕柔。要固定好寶寶的頭頸部，避免因掙扎晃動戳傷鼻腔內壁的黏膜。

逆時鐘旋轉

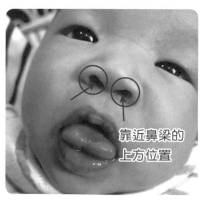

靠近鼻梁的上方位置

耳朵護理

● 護理寶寶耳道內污垢的方法

在清理寶寶耳道內的污垢時，必須先固定寶寶的頭部（耳背、耳洞、耳溝亦須固定），再用棉棒以旋轉的方法沾取而出。但只能在表淺部位的耳道，不能插入過深，避免損傷鼓膜和外耳道。

平時盡量避免讓乳汁、淚水或洗澡水流入耳道內，若不慎流入應即時用棉棒擦乾。另外，經常更換寶寶頭部的臥位，可避免耳朵長時間受壓。

1. 耳背

   可在洗澡時一併清潔。耳朵背面容易藏污納垢，甚而造成濕疹過敏等。應定時用紗布沾濕溫水再擰乾後擦拭清潔，尤其是當喝母奶或牛奶流下去時。

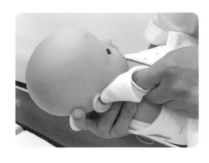

2. 耳洞

   可用紗布沾濕溫水再擰乾或棉花棒，在耳洞附近清潔。

   * 使用棉花棒要小心，勿插入過深傷及耳道及耳膜。

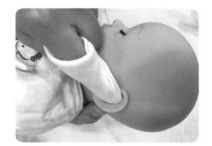

3. 耳溝

   耳溝也是容易囤積污垢之處，亦可用紗布沾濕溫水再擰乾或棉花棒處理。

眼屎護理

　　新生兒眼睛的發育在出生後 3 個月完成，經產道分娩的寶寶，可能會有分泌物浸入眼內而出現眼瞼水腫、眼睛發紅等現象。若寶寶出現眼屎多或結膜充血，在進行眼部護理後仍無緩解，應尋求醫師診治。

● 眼屎護理步驟

1. 眼睛周圍有眼屎或分泌物時，可先將棉球或紗布巾沾溫開水後擠乾水分。
2. 從眼內眥向外眼角輕輕擦拭，勿碰觸到眼球，且每擦一次就即更換新的紗布巾。

小常識

應以嬰兒專用的臉盆和紗布巾清潔，且定期清洗消毒。切勿用成人手帕或臉盆，以及直接用手指抹拭寶寶眼睛。

新生兒「眼淚汪汪」的病理性原因

	新生兒淚囊炎	先天性眼瞼內翻倒睫
病症		
病症	眼內眥經常有黃白色黏稠的分泌物，尤其晨起時眼睛會有很多眼屎。通常只有單眼，且剛出生就有流淚的症狀。是造成新生兒流淚最常見的原因。	下眼皮上緣或上眼皮下緣的眼瞼向眼球方向翻轉，導致睫毛向內倒插而刺激角膜和結膜所引起的流淚。
治療方法	可輕柔地按摩寶寶眼內眥與鼻根處（淚囊區），促使鼻淚管下口開啟，再往下按摩到鼻翼。感染者可使用含抗生素的眼藥膏治療。	若睫毛倒插程度不嚴重，刺激症狀不劇烈，可以先持續觀察，定期回醫院眼科複查即可。

結膜炎、角膜炎、瞼緣炎、淚腺炎等，均可能是引起寶寶流淚的疾病。若適當的護理後，仍未得改善，應即早就診，以免影響寶寶視力的發育。

剛出生嬰兒眼屎成因

嬰兒鼻淚管發育不全	感染引起

1. 使眼屎無法順利排出，導致眼屎累積。 2. 此種原因引起的眼屎多為白色黏液狀。 3. 可在鼻梁靠近眼內側給予按摩。	1. 常見是經母親陰道時，受細菌感染。量多時有黃色分泌物。 2. 應帶給醫師診治，使用含抗生素藥物治療。

皮膚護理

新生兒的皮膚非常脆弱敏感，易受外界刺激及損傷，因此皮膚的照護不可輕忽，應注意以下幾點：

1. 適時修剪寶寶及照顧者的指甲，避免寶寶自己或照顧者不小心抓傷皮膚。

2. 不可隨便給寶寶塗抹外用藥膏或保養品，因為其皮膚薄且血管豐富，很容易吸收藥物。另外，洗澡須使用無刺激性的寶寶專用沐浴用品或乳液。

3. 若寶寶的皮脂腺分泌旺盛，應勤洗澡（頭、臉）、勤換尿布、貼身衣物，避免毛細孔堵塞而發炎。

4. 若大便應用清水洗臀部，尤其皺褶處要更仔細的清潔，並用軟乾毛巾按壓，保持乾爽。

排泄護理

　　糞便的形質是由吃入的食物與胃腸的消化和蠕動所影響。新生兒糞便的進化為最初的胎便，接下來是過度便，之後為奶便。

初生嬰兒
大便評估

胎便 → 墨綠便 → 過度便 → 正常便

第一天　　　第二天　　　第三天　　　第四天起

1. 胎便

　　多為深墨綠色且黏稠甚至呈膏狀，應於 24 小時內排出，並會持續 2 ～ 3 天。

2. 過度便

　　餵食母乳或配方奶 2 ～ 3 天後出現，顏色呈棕綠至棕黃，形質較不黏稠且可能會含有乳凝塊。

3. 奶便

　　出生後第四天開始出現奶便。

- 母乳哺餵者奶便顏色多呈金黃色，味道較酸、形質呈稀糊狀，顆粒性且水分較多。每日排便次數變異性很大，可由一天 4 ～ 6 次到每週 1 次，皆屬正常現象。

- 哺餵配方奶者奶便顏色多呈黃白色至淡棕色，味道較臭，質地形狀較硬，每日排便約 1 ～ 2 次。

4. 灰白便

當膽汁排泄受到阻礙，無法正常由膽道排泄到十二指腸內與糞便結合，則糞便呈現淡黃色或灰白色，可能是膽道閉鎖或肝內膽汁滯留症，應儘速就醫。

● 新生兒大便圖卡

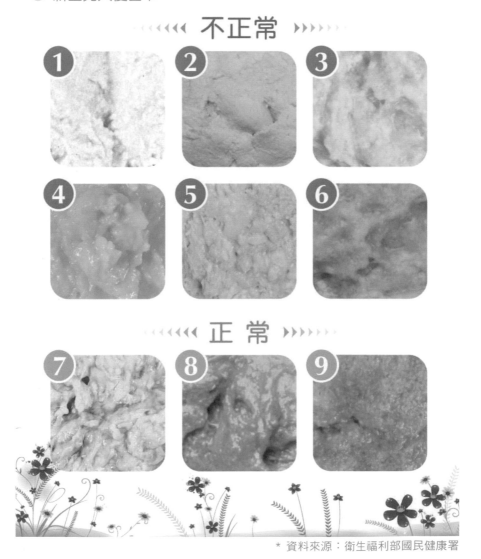

不正常

①　②　③

④　⑤　⑥

正常

⑦　⑧　⑨

* 資料來源：衛生福利部國民健康署

新生兒會在出生 24 小時內排第一次尿，若超過 24 小時尚未排尿者，應由醫師診查，可能是尿道、輸尿管或缺少腎臟等問題。排尿是反射動作無需學習或訓練，由於新生兒的膀胱儲尿能力尚弱，一天小便次數可多達 6 ～ 8 次，但會隨著年齡增加、功能健全而次數逐漸減少。

新生兒睡眠活動

有統計顯示，新生寶寶的睡眠時間是成人 2 倍多，通常每天會有 16 ～ 20 小時的睡眠時間，但會依每個寶寶的習性或特性而有所差異。這段期間會有 2 ～ 3 小時是清醒而不活動的時間；1 ～ 2 小時是清醒且需要活動的時間。

因為每個寶寶的睡眠時間有所差異，所以只要白天活動時的精力充沛、情緒穩定，喝奶的量正常，身長及體重正常地增加，即不需太擔心寶寶睡眠時間的長短。

小常識

1　建議採側臥或仰臥的睡姿，避免趴睡。

2　睡覺時以包巾包裹，可增加安全感。

● 瞭解新生寶寶的六種知覺狀態

細心觀察寶寶的一天，會發現其戲劇性的知覺變化。寶寶多數時候在睡覺，睜開眼後有時是安然平和的，有時眼中充滿警覺，有時呈現疲勞狀態，有時又像生氣了。實際上寶寶一天會有 6 種知覺狀態，這 6 種狀態會循環出現幾次。

分期	分析
深度睡眠期（deep sleep）	1. 呼吸平穩且規律 2. 無臉部表情與雙眼活動 3. 對外在的刺激反應遲鈍 4. 除偶發的驚嚇反射外，身體無其他活動 5. 此時期被吵醒，哭泣若沒人理會，大多能再自行入睡

分期	分析
淺層睡眠期 （light sleep） 	1. 呼吸不規律 2. 臉部表情變多如：微笑、皺眉，閉眼時眼球活動變多 3. 外在刺激可稍微喚醒 4. 無目的肢體活動如：吸吮動作
嗜睡期 （Drowsiness） 	1. 呼吸不規律 2. 眼睛半開半閉，眼皮沉重 3. 少許的自主性身體活動 4. 多數的外在刺激均能喚醒寶寶
安靜不活動期 （Quiet Inactivity） 	1. 呼吸規律 2. 眼睛明亮有精神 3. 可對視覺或聽覺的刺激，做出適當回應 4. 此時可集中注意力，是最好的學習階段 5. 亦是眼對眼與寶寶互動，和照顧者哺乳的最佳時機
清醒活動期 （Waking Activity） 	1. 呼吸較不規律 2. 眼睛張開，肢體活動增加 3. 對刺激很敏感，會發出含糊不清的聲音或產生強烈反應 4. 當需求無法滿足時，會發出訊息尋求協助，或自己找方式滿足（例如吸吮手指）

分期	分析
哭泣期 （Crying）	1. 呼吸不規律 2. 雙眼緊閉，表情變化大 3. 伴隨激烈而生氣的哭泣，以及不協調的肢體動作 4. 此時期對外在刺激的專注力低，不易被打斷

● 從寶寶的睡眠看健康

寶寶睡眠時比較安靜，呼吸均勻無聲響。若是出現以下狀況，則應找出原因對症處理。

需要重視的睡眠狀況	病症	應對方案
睡覺時滿頭大汗	夜間易驚，顱骨軟化、囟門閉合較晚、牙齒發育較晚，可能是佝僂病症狀。	增加日照，補充維生素 D，並注意觀察，加強護理，必要時去醫院診治。
睡覺時哭鬧不易安撫，頭部時常搖晃、搔抓耳朵，有時伴隨發燒	可能是外耳道炎、中耳炎或是濕疹。	檢查耳道有無紅腫現象，皮膚紅點或紅疹出現，應即時就醫。
睡不安穩、易受驚嚇	睡覺時常扭動身體，且易哭鬧、放屁氣多，可能為腸絞痛。	肚臍周圍順時針按摩，若無緩解應由醫師診治。
睡覺時四肢時常抖動	若無其他症狀者，常因白天活動過多所造成。	觀察是否有伴隨其他症狀。

🍼 預防感染

● 瞭解新生寶寶疫苗接種情況

B 型肝炎疫苗是寶寶在出生 24 小時內就必須接種的疫苗，是預防 B 肝疾病重要的屏障。若產婦是 B 型肝炎病毒帶原者或是懷孕後期感染 B 型肝炎，均可能會因為病毒經由胎盤而進入胎兒體內；或在生產過程中胎兒的黏膜接觸到母親血液；或哺乳時病毒經由乳汁進入寶寶體內等造成感染（母嬰傳播途徑），而導致肝炎的發生。因此，接種 B 型肝炎疫苗非常的重要。

> **小常識**
>
> B 肝疫苗須接種三劑，第一劑是出生後 24 小時；第二劑是滿月後，第三劑是滿 6 個月，採皮下注射。完成療程後，其有效率可達 90%～ 95%，免疫力可維持 3 ～ 5 年之久。

● 接種疫苗前的注意事項

1. 接種前一天，應幫寶寶洗澡及更換乾淨衣物，並維持身體清潔。
2. 注射前應觀察寶寶的體溫及身心狀態等，若發燒或狀況較差時，建議暫緩接種。
3. 建議有主要照顧者在旁，加上安撫用品。
4. 攜帶其他重要物品，如：寶寶的健保卡與健康手冊。

● 寶寶疫苗接種常識

1. 應充分告知醫師寶寶情況，如早產兒、是否有其他疾病、過敏體質、發燒或皮膚炎或嚴重濕疹等訊息。再由醫生判斷寶寶是否可接種。
2. 接種完當天應保持注射部位的清潔，及避免暴露於髒汙的環境。
3. 接種後應讓寶寶多休息及適當飲水。
4. 接種疫苗後，應稍等 20 ～ 30 分鐘，確認無過敏反應再離開醫院。若出現過敏反應，應立即回醫院處理。

疫苗接種反應及處理方法

疫苗種類	反應及處理方法
卡介苗◎	1. 注射後接種部位大多有紅色小結節，不需特別處理。若變成輕微的膿皰或潰瘍，不需要擠壓或包紮，只要保持局部清潔，約經 2～3 個月潰瘍就會自然癒合。 2. 如果接種部位出現多量的膿液或發生同側腋窩淋巴腺腫大情況，可請醫生診治。
B 型肝炎疫苗☆	一般少有特別反應。
白喉破傷風非細胞性百日咳、B 型嗜血桿菌及不活化小兒麻痺五合一疫苗☆	1. 接種後 1-3 天可能發生注射部位紅腫、痠痛，偶爾有哭鬧不安、疲倦、食慾不振或嘔吐等症狀，通常 2-3 天後會恢復。 2. 不停蹄哭或發高燒之症狀較為少見；而嚴重不良反應如嚴重過敏、昏睡或痙攣則極為罕見。 3. 如接種部位紅腫持續擴大、接種後持續高燒超過 48 小時，或發生嚴重過敏反應及嚴重不適症狀，應盡速請醫師處理。
水痘疫苗◎	局部腫痛，注射後 5-26 天於注射部位或身上出現類似水痘的水泡。
麻疹腮腺炎德國麻疹混合疫苗◎	在接種後 5-12 天，偶有疹子、咳嗽、鼻炎或發燒等症狀。
日本腦炎疫苗☆	一般少有特別反應。
減量破傷風白喉非細胞性百日咳及不活化小兒麻痺混合疫苗☆	1. 接種部位常有紅腫、疼痛現象，通常都是短暫的，會在數天內恢復，請勿揉、抓注射部位。 2. 如接種部位紅腫、硬塊不退、發生膿瘍或持續發燒，請盡速就醫。 3. 偶爾有食欲不振、嘔吐、輕微下痢、腸胃不適等症狀。
流感疫苗☆	局部腫痛，偶有發燒、頭痛、肌肉痠痛、噁心、皮膚搔癢、蕁麻疹及紅疹等全身性輕微反應，一般會在發生後 1-2 天內自然恢復。
13 價結合型肺炎鏈球菌疫苗☆	1. 接種後少數的人可能發生注射部位疼痛、紅腫的反應，一般於接種 2 天內恢復。 2. 發燒、倦怠等嚴重副作用極少發生，接種後如有持續發燒、嚴重過敏反應，如呼吸困難、氣喘、眩昏、心跳加速等不適症狀，應盡速就醫，請醫師做進一步的判斷與處理。
A 型肝炎疫苗☆	一般少有特別反應，少數為接種部位紅腫痛。系統性反應不常見。

◎活性減毒疫苗　　☆不活化疫苗

資料來源：衛生福利部國民健康署

小常識

疫苗有健保給付和自費兩種，應先瞭解後，清楚告知醫師，避免紛爭。

● 預防寶寶感染

1. 要接觸或準備嬰兒食物前應先洗淨雙手，並留意衣著是否清潔。

2. 禁止讓嬰兒接近有傳染病的人。例如：感冒、疱疹、肺結核等患者。

3. 避免不必要的黏膜接觸，如親吻或觸摸嬰兒的嘴、鼻孔、眼睛等，以免被傳染疾病。

4. 避免讓嬰兒到人多的公共場所。

我國現行兒童預防接種時程 107.08 版

接種年齡 / 疫苗	24 小時內儘速	1 個月	2 個月	4 個月	5 個月	6 個月	12 個月	15 個月	18 個月	21 個月	24 個月	27 個月	滿 5 歲至入國小前	國小學童
B 型肝炎疫苗（HepB）	第一劑	第二劑				第三劑 5								
卡介苗（BCG）[1]					一劑									
白喉破傷風非細胞性百日咳、B 型嗜血桿菌及不活化小兒麻痺五合一疫苗（DTaP-Hib-IPV）			第一劑	第二劑		第三劑 5			第四劑					
結合型肺炎鏈球菌疫苗（PCV13）			第一劑	第二劑			第三劑							
水痘疫苗（Varicella）							一劑							
麻疹腮腺炎德國麻疹混合疫苗（MMR）							第一劑						第二劑	
日本腦炎疫苗（JE）2								第一劑				第二劑	一劑 *	
流感疫苗（Influenza）3							←初次接種二劑，之後每年一劑→							
A 型肝炎疫苗（HepA）4							第一劑		第二劑					
白喉破傷風非細胞性百日咳及不活化小兒麻痺混合疫苗（DTaP-IPV/Tdap-IPV）													一劑	

1. 105 年起，卡介苗接種時程由出生滿 24 小時後，調整為出生滿 5 個月（建議接種時間為出生滿 5 ～ 8 個月）。

2. 106 年 5 月 22 日起，改採用細胞培養之日本腦炎活性減毒疫苗，接種時程為出生滿 15 個月接種第 1 劑，間隔 12 個月接種第 2 劑。

   * 針對完成 3 劑不活化疫苗之幼童，於滿 5 歲至入國小前再接種 1 劑，與前 1 劑疫苗間隔至少 12 個月。

3. 8 歲（含）以下兒童，初次接種流感疫苗應接種 2 劑，2 劑間隔 4 週。

4. A 型肝炎疫苗 107 年 1 月起之實施對象為民國 106 年 1 月 1 日（含）以後出生，年滿 12 個月以上之幼兒。另包括設籍於 30 個山地鄉、9 個鄰近山地鄉之平地鄉鎮，以及金門連江兩縣等，原公費 A 肝疫苗實施地區補接種之學齡前幼兒。

5. 106 年 5 月 1 日起，以六合一疫苗暫用以取代嬰幼兒應接種之第 3 劑 B 型肝炎疫苗及五合一疫苗。

資料來源：衛生福利部國民健康署

新生兒沐浴與臍帶護理

新生兒沐浴

新生嬰兒身體代謝旺盛、皮脂腺多，每日會產生大量分泌物，再加上吐奶、大小便等狀況，因此洗澡時需加強清潔頸部、腋下、大腿鼠蹊等皮膚皺褶處的污垢，並藉由洗澡過程觀察寶寶身體有無異常現象，如紅疹、瘀斑、外傷等。

每日沐浴可提供寶寶清潔與舒適，並有效防止細菌入侵，促進其全身血液循環及增進親子關係。

● 寶寶洗澡注意事項

洗澡時機	1. 喝完奶後 1 ～ 1.5 小時與喝奶前的 1 小時。 2. 在寶寶清醒狀態下進行。 3. 避免寶寶過度飢餓或剛吃飽後。
環境準備	1. 選在一天中氣溫較高的時段（午時 11 ～ 13 點）。 2. 室內溫度約 26℃～ 29℃。 3. 先放冷水再放熱水（37.5 ～ 40.5℃），水溫的測量，可用洗澡專用的溫度計。若沒有溫度計可在手背、手腕、肘部測試。 * 手腕內側皮膚細膩、敏感，試溫效果更好。
物品準備	將需要的物品準備好，放置在可隨手拿到的地方。如：臉盆、溫和不含香料的肥皂或嬰兒沐浴乳、浴巾、毛巾、衣物、尿布以及嬰兒澡盆等。 75%酒精　95%酒精　透氣膠布　紗布　棉棒

頻率	新生寶寶可以每 1 ～ 2 天洗一次，清洗時每個動作須穩定、輕柔且迅速，時間控制每次最好不超過 10 分鐘。
洗澡順序	1. 眼、2. 鼻 3. 臉、4. 耳 5. 頭、6. 軀幹與四肢 Step5 Step2 Step1 Step3 Step4 Step6
洗澡重點	1. 頸部、腋下、腹股溝、生殖部要清洗乾淨。 2. 避免洗澡水進入耳朵，洗澡後可用清潔小棉棒擦拭耳廓附近部位，勿將棉花棒插入耳、鼻孔深處。

※ 每次沐浴後可用柔軟的毛巾按壓乾（勿摩擦皮膚表面），按壓時須特別注意寶寶耳後、頸部、腋下、大腿鼠蹊等部位的皮膚皺褶處。

※ 臍帶脫落前，勿將寶寶長時間浸泡在水中，以免臍部感染，每次沐浴後記得用無菌棉棒進行臍部周圍的護理。（詳見「P63 臍帶護理」）

 小提醒

寶寶皮膚上的油脂，本身就是一層「保護層」，若過度清除油脂，反而不利於皮膚健康。建議敏感肌膚的寶寶，可每週一次或兩週一次，適量使用清潔物品。

● 寶寶洗澡步驟流程

先洗淨自己的雙手，原則上清洗寶寶應從最乾淨的部位開始，先從臉部著手，接下來分別是頸部、前胸、四肢、生殖器等。其中手指縫與皮膚皺褶等是不易清潔乾淨之處，要特別加強。

* 注意擦洗耳朵時不可去掏耳垢，勿將水弄進耳道中，避免引起感染。

局部清洗（臉及頭部）

1. 可用橄欖球式抱法將嬰兒抱起。

2. 以沾濕的毛巾四個角先清洗眼睛再清洗耳朵。洗眼睛應輕柔地由眼睛的內眥
   擦向外眥，接著清洗外耳及耳後，然後再幫嬰兒洗臉。

小提醒

為避免水滴入眼睛造成寶寶的不適，沾濕的毛巾應稍擰乾，呈不滴水的濕潤度
狀態即可。洗眼睛、耳朵、臉部不需使用肥皂，使用清水即可。

3. 清洗頭部時，可先用一側的拇指或食指稍微壓住嬰兒雙耳，避免水流入耳內。

—————— 洗頭護理要領 ——————

- 應用指腹及手掌清洗，切忌不可用指甲去硬摳或用梳子去刮，並注意動作必
  須要輕柔，以免損傷寶寶頭皮引發感染。

- 在清洗寶寶頭頂處時，只要動作輕柔就不會造成寶寶的傷害。

- 洗完頭後應用乾毛巾擦乾寶寶頭部，冬季可幫寶寶戴上小帽子或用毛巾包裹
  頭部，防止受寒。

- 可以用植物油、或以植物油為主要成分的嬰兒油或嬰兒潤膚露清洗。

- 在頭皮乳痂的表面塗上植物油，經數小時後，乳痂就會變得比較鬆軟，較薄的乳痂即會自然脫落下來。

- 比較厚的則可再多塗些植物油，且多等待一些時間後，再用小梳子（齒部須圓球狀）貼著尚未脫落的乳痂，慢慢地、輕輕地鬆動，即可脫落。最後再用溫水洗淨頭部剩餘的油漬。

小常識

什麼是乳痂？

乳痂（cradle cap）可視為嬰兒在頭皮出現脂漏性皮膚炎的代謝產物，最常出現於嬰兒出生 2 ～ 3 週時，皮質分泌增加的時候，以頭皮最為常見。（台語俗稱「囟屎」）

清洗嬰兒的正面

1. 先移除寶寶的衣服及尿布，再更換成搖籃式抱姿，為寶寶清洗頸部、胸腹部、四肢、生殖器等部位。

小提醒

將寶寶置入水中時，可用小毛巾覆蓋胸前增加安全感。

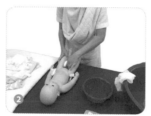

清洗嬰兒的背部

1. 另一手，以相同的方式托著前胸並扣住肩關節後，將嬰兒的身體輕柔的往前傾斜。

* 在移動過程雙手應扣緊，避免寶寶滑落。

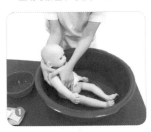

2. 這時從背部握住寶寶的手，可以空出來清洗背部。

3. 用大浴巾輕壓寶寶身體，將水分壓乾。皺褶處是常被忽略的地方，應稍加撥開吸乾水分。

注意事項：

・ 安全最重要，避免寶寶從手中滑落。

・ 避免水滴刺激到眼睛、鼻腔及流入耳道。

・ 注意皺褶處污垢的清洗及擦乾。

● 沐浴後穿衣步驟流程

1. 應在洗澡前就先把衣服攤開擺放好，並準備好尿布。穿上衣前應先穿好尿布再穿上衣物。

2. 將寶寶放置於攤平的衣服上，將寶寶左手對準左側衣袖腋窩處開口，一手由衣袖伸入並輕輕握住寶寶的手，另一手輕拉衣袖直到小手露出後，再調整好衣服，對側亦同。

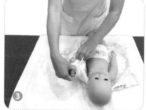 

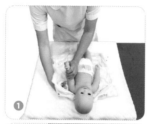 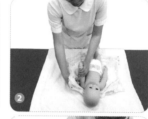

3. 最後再把衣服整理平整。掌握穿衣技巧後，就可以在很短的時間幫寶寶穿好衣服。即便是冬天的衣服 1 分鐘內也可以完成。

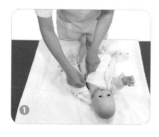 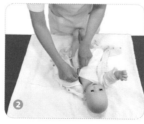 

4. 套頭式的衣物，也可比照上述流程技巧來著裝，穿夏天衣服一般 20 秒內可完成。

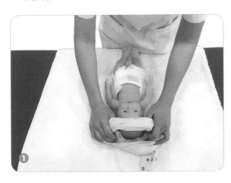

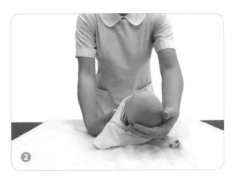

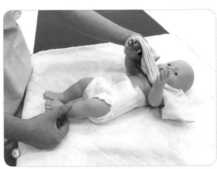

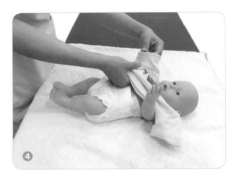

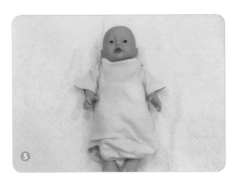

寶寶生殖器護理

● 男寶寶生殖器護理

1. 特點

陰莖根部、陰囊褶皺處，以及腹股溝的附近，都是皮膚有皺褶之處，容易在這些地方積留尿液和汗液，應仔細地清潔這些容易藏汙納垢之處。

2. 適當的水溫

水溫控制在 38 ～ 40℃之間，保護寶寶皮膚避免燙傷。

3. 清洗方式

把陰莖抬起來，輕柔擦洗根部、陰囊、腹股溝等部位。皺褶處應先撥開再清洗。

* 陰莖和陰囊佈滿了神經和纖維組織，切勿用力擠壓它。

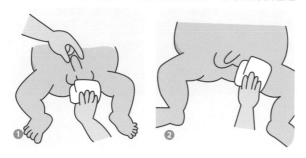

4. 日常護理

注意尿布是否太緊造成壓迫生殖器而影響發育；或尿濕、大便後未即時更換而產生悶熱，造成尿布疹或是尿路感染。

● 女寶寶生殖器護理

1. 特點

女嬰的生殖器靠近肛門且尿道短，更易感染，須正確及仔細清洗和照護。

2. 適當的水溫

水溫控制在 38 ～ 40℃之間，保護寶寶皮膚避免燙傷。

3. 清洗方式

每次大小便後，應仔細清洗外陰部，並遵循「由前往後」的方向，先從陰唇

中間的部位向兩邊清洗小陰唇，再由前往後清洗陰部、會陰部及肛門。最後仍應擦淨大腿鼠蹊部皺褶處的水分。

4. 日常護理

應即時更換尿布並保持乾爽。

臍帶護理

懷孕過程中，寶寶可透過與媽媽連接的臍帶運送營養與排除廢物。臍帶藉由兩條臍帶動脈將養分、氧氣輸送給胎兒，而胎兒體內的廢物，也可經由一條臍帶靜脈輸出體外。當胎兒娩出母體之後，臍帶就會在數分鐘內停止脈動，喪失其功能。正常情況下，寶寶臍帶會在 1 週左右自行脫落，而臍根部約 2 週左右癒合。

● 臍帶護理目的

1. 預防臍部感染。

2. 促進早日乾燥及脫落。

3. 觀察有無出血及異常情形。

- 通常於出生後 7 ~ 14 天會脫落，在脫落前，每天洗完澡至少護理一次。
- 但如果臍帶潮濕或有臭味，就要多做幾次護理，並保持其乾燥。
- 當臍輪周圍發紅、臍部出血、臍帶脫落傷口未癒而長肉芽、有臭味時，均需找醫師診治。

● 臍帶護理包

75% 酒精、95% 酒精、透氣膠布、紗布、棉棒

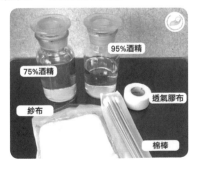

95%酒精

75%酒精

透氣膠布

紗布

棉棒

臍帶脫落的過程

第 1 ～ 3 天
嬰兒臍帶殘端鉗夾，
表面濕潤且發亮

第 4 ～ 7 天
鉗夾處斷開或被去除，
局部乾燥黯淡

第 7 ～ 14 天後
殘端脫落，可少量出血，
並有小段殘留

殘端脫落後
形成結痂

第 14 ～ 18 天
完全癒合

● 臍帶消毒步驟

步驟一：臍切面護理

Step1

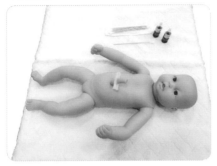

洗澡後先用小棉棒將臍部周圍水分擦乾。

Step2

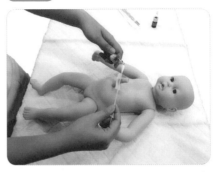

再用一支棉棒沾 75% 酒精（消毒用）。

Step3

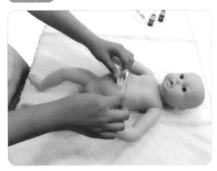

一手以食指跟拇指輕握臍夾，另一手拿小棉棒從臍切面開始環狀向下消毒至臍根部，可重複 1 ～ 2 次。（勿來回擦拭）

Step4

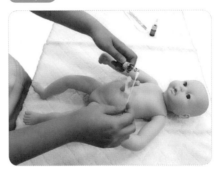

再以 95% 酒精（乾燥用）依同樣步驟再操作一次。

步驟二:臍根部護理

Step1

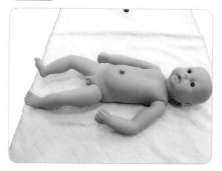

洗澡後先用小棉棒將臍根部周圍水分擦乾。

Step2

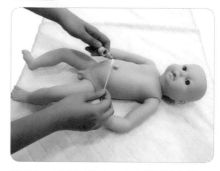

再用一支棉棒沾 75% 酒精(消毒用)。

Step3

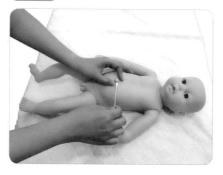

一手用姆指、食指輕壓臍部周圍皮膚,將皺褶處撐開,由臍根部內面往外環形消毒 1～2 次。(勿來回擦拭)

Step4

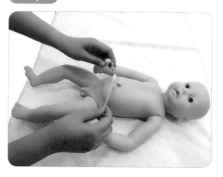

再以 95% 酒精(乾燥用)依同樣步驟再操作一次。

如何正確抱寶寶

　　新生寶寶全身的肌肉張力不足，無法維持頭頸部的姿態，加上四肢及軀幹柔軟，使得新手父母剛開始移動或抱起寶寶時會比較容易緊張。尤其是寶寶剛離開熟悉的子宮到陌生環境，對於突如其然的抱姿更易受到驚嚇。

　　只要留意幾個關鍵點，爸媽就能輕鬆抱起寶寶，並能讓寶寶感覺到安全又舒服，踏出建立彼此親密關係的第一步。

　　不論使用何種姿勢抱寶寶，關鍵是：

1. 保護好寶寶的頭部、頸部和腰部（要有適當的撐托）。
2. 抱寶寶的時間不可太長，以免寶寶疲憊。
3. 不可搖晃寶寶，以免寶寶腦部損傷。

● 抱寶寶的步驟

當寶寶平躺在床上時，雙手放置在寶寶頭頸部下方，先用一手緩緩地稍微托起頭頸部。然後將另一手輕輕地移到寶寶的下背或臀部。

媽媽應先將身體靠近寶寶，然後再將雙手輕輕地、慢慢地抱起寶寶，貼近自己同時起身，並將寶寶的頭頸部小心放置於肘窩或肩上作適當的撐托。過程中須注意寶寶的動態及重心，防止後仰及滑落。

1. 直立抱法（手托法）

左手前臂貼著寶寶的右側後背，左腕撐托住寶寶的頭頸部，右手掌腕處托住寶寶的臀和腰部，並將寶寶緊貼身體。

* 寶寶從床上抱起和放下建議用手托法。
* 寶寶在滿 3 個月以前，頸部、背部肌肉與骨骼力量不足，應減少採用此抱法。

2. 橫抱法（腕托法）

輕輕地將寶寶的頭頸部放在媽媽左側肘窩處，左前臂撐托住寶寶的頸背部，左腕及手掌撫著寶寶的肩臂。右手前臂及腕掌撐托住寶寶的腰臀部及小腿。

* 在滿 1 個月前，均應採用橫抱。且注意頭部、頸部和臀部保持一直線，並適當撐托。

　　放下寶寶時應注意順序，須由 臀部先放到床上 → 再放臀腰及背部 → 最後則是頭頸部 ，且確認寶寶平穩地躺在床上後，才可移除雙手。

寶寶趴在大人肩膀上，大人托住他的頸背，減少脊柱支撐。此方法大人＆寶寶都相對輕鬆。

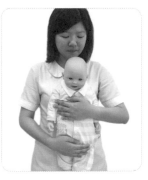

寶寶背對著自己，胸往外挺，頂住寶寶背部。左手壓著寶寶胸部，右手壓著寶寶膝蓋。此方式較累人，時間不宜過久。

* 豎抱應在滿月後且頭能直立時，可以短暫地豎抱。滿 3 個月後即可適當增加豎抱的時間。

 小提醒

雖然滿 3 個月後可以豎著抱起，但過程中須保持寶寶頸部適當的撐托，不可只有單手托住寶寶屁股，如此的坐姿抱法可能會使寶寶脊柱壓力加重，對頸部和軀幹肌肉的發育造成不良影響。

夜貓寶寶作息調整

寶寶睡眠知多少？

● 嬰兒睡眠型態

月齡	睡眠生理進展	睡眠情況
0-2 個月	還無法分辨白天或晚上	平均睡眠 16 小時 睡眠被切成不同的時段，均勻分佈在白天和晚上
3 個月	進入深睡期 →較淺的睡眠和作夢期 →清晨的深睡期	白天清醒時間比晚上多的狀態
3-6 個月	開始學習分辨白天和黑夜	夜裡的睡眠時間會慢慢變長，白天睡眠次數和時間則相對減少
6 個月	能分辨白天和晚上	部分嬰兒已可睡過夜

作夢期其實有助於寶寶的大腦在睡夢中去接收感覺，讓寶寶在睡眠中學習！

　　維持良好的睡眠品質很重要，例如：刺激生長激素、促進大腦發育、提升免疫力、學習力與記憶力、促進身體新陳代謝、預防心血管疾病等。建議在出生～6 個月之間，培養寶寶良好的睡眠習慣與作息安排。

怎麼睡才安全？

無菸環境

保持通風

睡覺時須仰躺

適合寶寶的床

父母同房不同床

奶嘴

1. 寶寶睡覺時須仰躺

   出生後即可讓寶寶習慣仰躺的睡姿，最好在醫院就開始。

2. 堅持無菸環境

   有菸環境會增加嬰兒猝死的風險。

3. 選擇一張適合寶寶的床

   寶寶需要一張堅實有彈性的嬰兒床和一個睡袋，其他像是枕頭、被子、鬆軟的襯墊、床頭罩等等，都不是必要的。建議使用合身睡袋並依季節調整厚薄，因為寶寶不會把睡袋拉起蓋到頭上，非常安全。有時，炎熱的夏天，孩子可能只需要穿一件薄衣入睡即可。

4. 注意室內不要太溫暖，保持通風

   寶寶體溫調節中樞及散熱能力尚未發育完全，建議室溫維持在 23 ～ 26℃左右，以及勿包裹太多衣物讓寶寶過熱。

5. 寶寶與父母同房不同床

   對出生到 6 個月大的寶寶來說，最安全的睡覺環境，是在爸媽房間裡的嬰兒床上。周歲後若要分房睡，則應選擇在爸媽聽得到寶寶的地方。

6. 哄寶寶睡覺時給他吸吮奶嘴

   臨床實證奶嘴的使用能降低猝死的風險，但應注意：

   ・應等到媽媽哺乳順利以後，再給寶寶吸吮奶嘴，避免影響哺乳。

   ・寶寶若拒絕吸吮奶嘴，不可勉強！

   ・應在寶寶要入睡時，才給他吸著奶嘴。若寶寶睡著後，奶嘴鬆掉了，不必再將奶嘴塞回。

如何讓寶寶感到舒適？

● 身體的部分

需餵飽寶寶且滿足其口慾的需求，保持小屁股清爽、寶寶無脹氣，舒適的睡眠環境。尤其是台灣環境濕熱，加上傳統保暖的迷思，常常容易讓寶寶過熱。若寶寶滿臉通紅，且頸部出汗則表示太熱了，須立即處理，避免造成寶寶脫水或不舒服。

● 心靈方面

在確認寶寶已吃飽、尿布乾爽、環境舒適等生理需求得到滿足後，應再進一步地提供心理上的滿足。可以輕拍寶寶、輕聲與寶寶說話或哼唱，與寶寶互動，建立其安全感。並可在安撫過程中增加撫觸，讓寶寶感覺到被愛而達到感情被滿足的舒適。

如何調整寶寶作息？

1. 強化日夜對比的生理時鐘，清楚的活動期與安靜期

日出而作，日入而眠是人類自然的生理時鐘。但是新生兒還無法分辨白天或晚上，須藉由爸媽的協助，讓寶寶體會日夜的不同與對比。應在白天寶寶起床後，盡量讓室內光線明亮，最好還可以讓陽光照進室內。另外，當白天小睡或夜晚睡眠時，則儘量維持室內黑暗的狀態，調整好寶寶的生理時鐘。

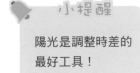

小提醒

陽光是調整時差的最好工具！

出生～ 6 週大	每個新生兒的睡眠時間有非常大的差異，有睡 10 ～ 12 小時 / 天，也有 20 小時 / 天的。
6 週大～ 3 個月	滿 6 週後可以開始建立白天規律性的生活作息，將寶寶「吃－玩－睡」的循環規律化。寶寶醒來滿 2 小時，應再把他放回嬰兒床，不須理會之前睡了多久時間。
3 ～ 6 個月	滿 3 個月後，可以將白天「吃－玩－睡」的循環慢慢延長到 3 ～ 4 小時，並且循序漸進地把每天的作息時間固定下來，包含夜晚的睡眠時間。 每隔 3 ～ 4 小時餵奶，餵完之後儘量與寶寶互動或讓寶寶玩 1 個小時左右，等到稍微有點倦怠後，再把寶寶放回床上小睡，一直到距離上一次餵奶 3 ～ 4 小時左右再把寶寶叫醒喝奶。當寶寶提早醒來，如果有強烈的饑餓哭鬧或尋乳，可以先行哺餵，否則應等到餵奶時間再餵。

2. 最重要的是減少夜間活動

夜間哺乳或是換尿布盡可能從簡，避免過多的刺激導致寶寶睡眠中斷或難再入眠，太晚睡則會影響褪黑激素分泌，進而又再降低睡眠品質。

小常識

褪黑激素（Melatonin）

主要於夜間分泌，入睡後其血中濃度為白天的 10 倍，能夠藉由放鬆肌肉且增加睡意的方式來幫助睡眠。

3. 寶寶生理運作，睡眠列車於晚上 9 點出發

為了讓寶寶順利的入眠，在睡前應營造出寧靜與和諧的睡眠環境，並且藉由在睡前反覆施行一些儀式，讓寶寶在腦中自然地建立一套模式，就是「當這些規律的步驟開始執行時，代表即將要睡覺了！」

a. 建立孩子睡前儀式

- 寶寶最佳的睡眠時間是晚上 9 點以前入睡，所以爸媽應在晚上 8 點開始執行固定的睡前儀式，讓寶寶習慣結束睡前儀式後就入睡。

- 應以靜態活動為主，例如按摩、洗澡、喝牛奶、輕聲說床邊故事等，都是能營造親密、安靜、溫暖的相處時光，也提高了寶寶的親密感和安全感。

- 應在寶寶醒著狀態下放到床上，可幫助寶寶在短暫甦醒期間後自行再入睡，也可以避免寶寶被抱著入睡。

b. 固定時間餵飽最後一頓晚餐

訓練寶寶夜晚不因飢餓而哭鬧。不管是規律性哺餵還是依寶寶需求哺餵，在晚上固定的時間把寶寶叫起來餵奶，數天後寶寶就會習慣在這個時間肚子餓，並且喝較多的奶（有助拖延半夜的餵食）。

c. 拖延半夜的餵食

通常在夜間最後一次餵奶之後，寶寶會漸漸地越睡越久，直到餓了才會醒來。再加上拖延半夜的餵食，更能讓寶寶儘早地在夜間最後一次喝奶之後就一覺到天亮。

- 應在寶寶已滿 7 週，且健康良好及體重至少 5 公斤以上再執行。

- 維持固定的時間餵飽最後一頓晚餐。

- 晚餐後，不可干擾寶寶的睡眠。如果醒了可讓他學習自己平靜下來；哭鬧時可稍加安撫。

- 由爸爸執行更適合，避免讓寶寶感覺得到媽媽就在旁邊，但卻無法喝到奶而躁動不安。

- 寶寶若半夜醒來，不要馬上塞奶。可以先輕拍、與寶寶說話、按撫、給奶嘴、換尿布，稍稍拖延之後，最後再餵奶。

- 把半夜或凌晨的宵夜時間逐漸往後移，最後拖延到凌晨 5 ～ 6 點。

4. 口慾的滿足與寶寶可以依賴的媽媽養成

寶寶的「口慾期」會出現在出生到 1 歲半之前，主要藉由口腔的吸吮、吃喝動作來滿足慾望，任何令他們感到好奇或興趣的東西都會往嘴巴裡塞，所以常見到寶寶吃手指、舔吸能拿得到或觸碰得到的物品等。尤其是在寶寶從出生到 1 歲左右，正是處於好奇和探索的敏感期，只是每個寶寶持續時間有所不同。

因此，媽媽應該要瞭解並滿足這個時期的寶寶心理需要。被寶寶信任的媽媽，比較能夠幫助寶寶順利地進入下一個成長階段。所以，在確認寶寶不會發生危險的情況下，儘可能不要對寶寶口慾期的發展加以干涉，可以注意以下幾點：

- 適時地讓寶寶吃手指。

- 提供寶寶可以咬吸的安全及乾淨物品。

- 物品不要太多，以 3 ～ 5 個即可。

媽媽居家記錄表

日期\時間	1:00	2:00	3:00	4:00	5:00	6:00	7:00	8:00	9:00	10:00	11:00	12:00	13:00	14:00

備註：

* 方格內記錄「親餵、瓶餵量／配方奶量、一尿尿、＋便便」

親餵　　60／40　　－ 尿尿
瓶餵母奶　配方奶　　＋ 便便

	15:00	16:00	17:00	18:00	19:00	20:00	21:00	22:00	23:00	24:00	合計	加奶	（－）尿尿	（＋）排便	補充

備註：

[合計] 內記錄：
記錄寶寶睡眠〔 ▲上半時　▼下半時　●時〕

合計 **10 / 420 / 100 / 18H**

親餵　　　瓶餵　　　配方奶　　睡眠時間
10 次　　420ml　　共 100ml　　的總合

嬰兒常見的問題與按摩

嬰兒常見病症

發燒

　　新生兒的器官與免疫功能尚未發育成熟，因此感冒、病菌感染、環境溫度太高、衣服穿太多、哭鬧等都會引起發燒。但是應瞭解，發燒是「症狀」的表現，而非疾病，它只是身體一種警示反應。在面臨寶寶體溫上升時，應用理性的態度和科學的方法去評估。

寶寶體溫分類（腋下溫度）

正常　　　　36 ～ 37℃
低燒　　　　37.5 ～ 38℃
中度發燒　　38.1 ～ 39℃
高燒　　　　39.1 ～ 40.4℃

小常識

測量肛溫應在寶寶安靜一段時間後才量，通常肛溫 38℃時，可先用溫水擦拭寶寶身體，半小時後體溫若未下降，應送醫師診治。

● 引起寶寶發燒的原因

1. 寶寶體內產生的致熱源，使得體溫調節中樞改變體溫調定點所致，這時，寶寶就會有發燒現象。

2. 發燒的症狀，通常是呼吸道感染、腦膜炎或泌尿道感染等疾病所造成。

　　* 由於新生兒體溫調節中樞尚未發育成熟，汗腺不發達，有時退燒藥效果不佳，反而會造成虛脫。因此，3 個月以內的新生兒不宜自行服用成藥退燒，應由醫師診治。

小提醒

使用退燒藥降溫的臨界點是 38.5℃。若寶寶發燒未超過 38.5℃，則不應該濫用藥物退燒。

——日常生活中造成寶寶體溫升高的原因——
（非病態的體溫升高）

- 接種完疫苗後的暫時性發燒，是對疫苗的自然反應。

- 包裹過多衣被，導致體熱無法順利排出。

- 身體剛接受熱能，如喝溫熱開水或洗熱水澡。

- 過度活動，體內產生的熱能尚未排出，導致體溫暫時性的升高。

● 量體溫的方法

1. 部位有肛門、口腔、腋下、背部、耳道、額頭等。

2. 肛溫是最接近身體核心的溫度。另外，耳溫又與肛溫有很高的相關性，但 3 個月內新生兒的耳溫與核心溫度會因測量時困難稍有不同。

3. 口溫與腋溫因為受到皮膚黏膜血管收縮等因素影響，通常比其他部位低。

4. 產後 1 個月內或體重太低的新生兒，不適合測量肛溫與耳溫，可更換腋溫或背溫替代。

5. 額溫槍或紅外線測量方便性高，但準確度則較差。

● 發燒對寶寶的優缺點

發燒產生的熱能會增加體內水分耗散而流失。體內溫度每升高 1℃，會蒸發大約 10％的水分，如果新生兒未及時獲得補充則會造成脫水，進一步會無法調節體溫，導致體溫變得更高，造成惡性循環。

缺點

發熱的時間過長或體溫上升過高，會導致體內各種調節功能喪失，有以下幾種表現。

1. 發燒的期間一方面會影響寶寶食慾，另一方面會消耗體內能量，出現身體消瘦、營養不良，更會影響發育。

2. 高燒會刺激中樞神經系統使其亢奮，導致大腦運動神經元異常放電，造成驚厥現象。

3. 高燒會造成身體耗氧量增加，導致呼吸、心跳加快，進一步損害肝、腎等器官，狀況嚴重會使體內器官、循環衰竭。

優點

　　發燒是免疫系統對抗感染性疾病的防護性措施，當寶寶生病時發燒，也代表身體的免疫功能有正常的運作。因此，寶寶發燒有以下好處：

1. 提醒照顧者可能是疾病的訊號，應積極找出病因，或及時診治。

2. 體溫升高改變了適合病原體生長的環境，可降低病原體繁殖速度，甚至殺死它。

3. 發燒會提升自體免疫的功能，進而提高免疫系統攻擊病原體的效率。

溢奶與吐奶

1. 溢奶

寶寶喝完奶後，仍有少量奶水存留在口腔中，一段時間後會與唾液混合而成白色液體，再從口腔中流出就是溢奶，這是正常現象，無須擔心。

2. 吐奶

寶寶將大部分（大量）奶水吐出，常是因為喝的速度太快、量太多，或沒有間隔休息、奶瓶的洞太小吸入大量空氣所造成。因此在每次餵完奶後，務必立起寶寶，並靠於肩上拍嗝，幫助排出多餘氣體。若寶寶不停吐奶或經常將喝入的奶全部噴出來，應由醫師診治。

溢奶、病理性嘔吐、嗆奶的區別

溢奶是一種正常現象，嘔吐則不是，家長應注意區分。

	表現或症狀	原因	應對措施
溢奶 （吐奶）	1. 通常在喝完奶後，奶水從口角流出。 2. 甚至剛餵的奶液全部吐出。	1. 在生理上，胃容量還很小，奶水容易向上逆流。 2. 在照顧上，常因餵養姿勢不良、太飽、太急。 3. 餵奶時哭泣、吸吮空奶瓶或奶瓶洞口過大、餵奶後立即平臥或頻繁翻動。	1. 注意餵奶的姿勢、奶量、速度。 2. 避免在哭泣時繼續餵奶。 3. 餵奶前、中、後均應幫寶寶拍嗝，排出胃內多餘的空氣。
病理性嘔吐	1. 嘔吐次數頻繁。 2. 嘔吐量大且呈噴射狀，可能伴隨著哭聲。 3. 通常在出生後2、3週才開始。	可能是胃腸道受感染、腦膜炎、顱內血腫等腦壓上升等疾病引起。	應立即由醫師診治，否則可能有嚴重的後果。
嗆奶	吐奶時伴有強烈且頻繁的咳嗽。	喝奶時少許奶液不慎吸入氣管，引發咳嗽反射。	應將寶寶俯臥，同時以空掌叩擊背部，幫助寶寶排出吸入呼吸道的奶液。

臍疝氣

在臍帶自然脫落後，寶寶的臍部會因為腹腔的壓力上升而突出，例如用力或大哭時，尤其是早產兒更易發生。原因是臍環尚未閉合，仍保留一個小洞，小部分腸子或空氣在此流通使臍部向外突出，應請醫師診察。通常只有少數須立即治療，大多到 1 歲左右會自然改善。

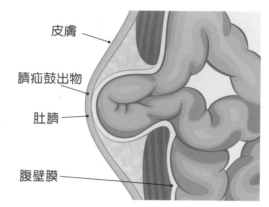

皮膚

臍疝鼓出物

肚臍

腹壁膜

腸絞痛

寶寶腸絞痛發生原因不明，可能與乳糖耐受不良、腹脹、牛奶蛋白過敏、腸道神經系統不成熟，以及餵食技巧不當等因素有關。寶寶的症狀會有陣發性用力哭嚎、甚至握緊雙拳，四肢彎曲，可由「日哭 3 小時以上」、「1 週約有 3 天發生率」、「症狀延遲達 3 週」的特性做簡單判別。一般多見於 3 個月大之前的寶寶，最早可發生於出生 2 週的小嬰兒身上。當絞痛發生時，可以先抱起寶寶安撫及輕拍背部，若仍得不到緩解，再運用臍周按摩（詳見 P110 腸絞痛按摩護理）。寶寶的腹痛伴有發燒、疝氣、嘔吐、血便時，應立即找醫師診治。

便祕

新生兒便祕多發生在配方奶寶寶身上，如果寶寶 2～3 天解一次大便，排便過程順利且質地不乾硬，精神狀態良好，並且寶寶體重持續性增加，則無須太過擔心。

如果大便次數明顯減少，排便時需特別用力，且大便質地乾硬、便血，伴隨肛門破裂，則應積極處置，尋求醫生診治。

● 處理方式

1. 適時調整衣被，避免穿過多的衣服、蓋過厚的棉被，以免汗流太多，導致水分大量流失。

2. 哺餵配方奶時，應依奶粉標示加入適當的溫開水沖泡，並在兩餐之間增加寶寶水分的攝取。

腹瀉

對配方奶過敏、沖泡過濃、病毒感染等因素，都可能會導致寶寶排便次數增加。如果寶寶排便的次數明顯比平常增加很多次，或糞便含水量多且呈水狀，即為腹瀉。此外，若出現大便含血或呈灰白色，須即刻就醫。

尿布疹（紅臀）

因臀部包尿布密不透風而潮濕悶熱，甚至長時間浸潤在尿液中，導致臀部發紅（又稱「紅臀」）、出現紅色疹子，嚴重時表皮還會有破損的症狀。所以，寶寶若有尿布疹會很不舒服，嚴重時一碰到就痛。

● 寶寶皮膚接觸大小便而形成的尿布疹有兩種

接觸性皮膚炎

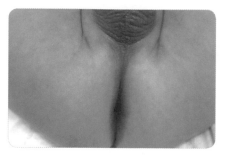

只發生在接觸到大便的部位有紅紅一片。

黴菌感染

屁股

範圍較大,除了屁股也會漫延到前陰、鼠蹊部。症狀除了皮膚紅之外,在外圍還會有許多小紅丘疹,並伴有脫皮現象。

● 如何預防寶寶「紅臀」

應注意寶寶尿布材質,選擇柔軟、吸水性及透氣性強的棉質產品。另外,必須保持臀部周圍清潔乾燥,所以要勤換尿布,每次大小便後用溫水把臀部清洗乾淨,並塗抹護臀霜。

啼哭

哭聲是新生兒用來與外界溝通的語言,藉由不同(強度、頻率等)的哭聲來表達生理和心理的需求。對新生兒來說,哭鬧是與生俱來的重要本能,但是,當寶寶太過於頻繁且不停哭鬧時,應檢視寶寶是否身心不適,或有其他特殊狀況,不可大意輕忽。

● 嬰兒哭泣的原因有以下幾種

飢餓通常是最主要原因,尿布濕、疼痛(腹脹或絞痛亦常見、皮膚癢痛)、太冷或太熱、受到驚嚇或干擾、房間太亮、太吵、刺激過度和需要安撫等等,也都會導致寶寶啼哭。

小常識

寶寶的哭聲呈現軟弱、啜泣或持續不久的啼哭,是異常表現。

● 安撫新生兒的方法

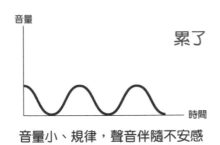

累了

音量小、規律，聲音伴隨不安感

應對方法

引導寶寶做緩慢柔和或節律性的活動。再以輕柔的語調與寶寶說話，使他放鬆或入睡。

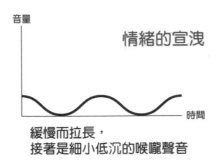

情緒的宣洩

緩慢而拉長，
接著是細小低沉的喉嚨聲音

應對方法

通常抱起稍加安撫，增加寶寶的安全感，就能緩解。

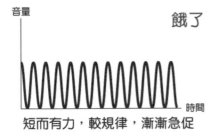

餓了

短而有力，較規律，漸漸急促

應對方法

注意是否餵奶時間隔太久，或是一次性奶量不足。建議約 3 ～ 4 小時 / 次。奶量不足時容易在 1 ～ 2 小時就餓了。

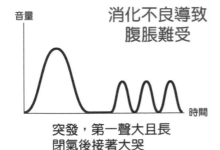

消化不良導致
腹脹難受

突發，第一聲大且長
閉氣後接著大哭

應對方法

隔著手指輕敲腹部是否有鼓脹音，若有，且呈脹滿狀，可用消脹氣膏按摩腹部與肚臍周圍，促進腸胃蠕動，幫助排氣。

寶寶哭聲種類	寶寶的想法判斷	應對方法
其他	衣服或棉被是否合宜	依據環境溫度及時替寶寶增減衣物，原則上寶寶穿著的厚薄與大人同步或少一件。
	尿布濕了	應及時更換，若出現紅屁股現象，則需再抹些護臀霜保護敏感的皮膚。
	鼻子是否被鼻涕或鼻屎堵塞	可使用小棉棒、吸鼻器等工具輕柔地清除，切不可太深入摳挖，避免寶寶受傷。
	檢視孩子身體上是否有異狀	皮膚是否出疹子，接種疫苗部位是否紅腫，有無蚊蟲叮咬的痕跡。如果有，對症處置即可。

臍帶感染

　　寶寶出生後，醫生會在距離臍根部約 1～3 公分處夾上臍夾並將其剪斷。一般來說，出生後 1 至 2 週左右臍帶會自行脫落，少數寶寶會延遲到 3 週以上。而臍帶脫落的時間與臍根部周圍皮膚乾燥程度有關。

　　臍帶脫落之前，臍根部若潮濕容易滋生細菌，引發新生兒臍炎。嚴重者恐引起新生兒敗血症，因此在清潔照護上須特別謹慎小心。

● 處理方法

1. 在臍帶脫落前，每日幫寶寶洗澡後至少進行一次臍帶護理，維持肚臍根部周圍皮膚的乾燥。

2. 更換尿布時若周圍有排泄物，則須再次進行臍帶清潔消毒。

3. 肚臍根部周圍皮膚若發紅，或臍帶脫落後傷口遲遲未癒合，可增加消毒與清潔次數。

4. 若寶寶臍帶發炎症狀明顯，周圍皮膚紅、腫、熱且伴隨膿性分泌物，應立即
   送醫院治療。

Step1

當肚臍根部周圍皮膚紅腫，有分泌
物，則立即執行臍帶護理。

* 執行前須先洗淨雙手

Step2

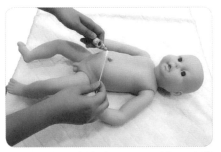

首先，將小棉棒沾 75% 酒精。（消
毒用）

Step3

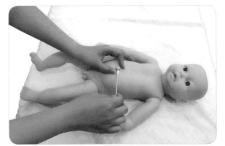

用拇指與食指輕柔下壓，使肚臍根部
露出，接著由內而外環形消毒臍根部
周圍的皮膚。

Step4

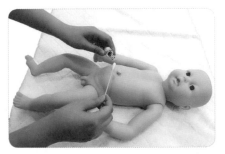

接著再用沾 95% 酒精的小棉棒（乾
燥用），重複步驟 3 的動作。

* 以上 4 個步驟可重複數次

 小提醒

禁止用紫藥水消毒寶寶肚臍。臍帶周圍塗抹紫藥水，易造成表面乾燥但臍帶內
部仍濕潤，若發生化膿性臍炎不容易即時發現，會因而延誤治療。

濕疹與熱疹

　　濕疹與熱疹是嬰幼兒身上常見的疾病，且兩者症狀有相似之處，很容易混淆。藉由下面的表格分析，爸媽能更清楚的認識及區別熱疹和濕疹的差別！

	濕疹	熱疹
原因	嬰幼兒常見的過敏性皮膚病，又稱「奶癬」。原因通常是口水浸潤皮膚，過度或不當的餵養導致消化不良，另外，還有肥皂、化妝品、皮毛纖維、花粉、油漆對皮膚等的刺激所造成。	通常是周圍環境的溫度過高，或嬰幼兒衣被穿蓋過多。
部位	經常是從臉部開始，嚴重時會遍佈全身。	頸部、腋窩、肘窩和膝部等皮膚褶皺處，更易因出汗悶熱而發生。
表現	皮膚粗糙，且大多伴隨脫屑，嚴重時局部會有紅腫、組織液滲出等。	由毛囊發出紅色疹子，為邊界清晰的小顆粒狀紅色皮疹。嚴重時紅疹內會出現乳白微黃色的膿性液體。
癢感	癢感非常明顯，寶寶經常會有搔抓的動作。	癢感通常不明顯。
護理	1. 濕疹輕者，皮膚僅輕微脫屑，使用保濕嬰兒乳液／乳霜保養，通常即可緩解。 2. 濕疹稍重者，須使用濕疹乳膏才可緩解。 3. 濕疹嚴重者，皮膚出現破損、組織滲液等，須由醫生診治，可能會使用含抗生素和類固醇藥膏。	1. 隨時保持寶寶的涼爽，以及脖子、腋下、腿部等皮膚皺褶處的乾爽。 2. 適時將流汗的部位用柔軟紗布／巾將汗液壓乾，維持皮膚乾爽。

說明	須依照醫囑指示使用藥物。	1. 依據環境的溫度穿蓋衣被，尤其是夏季。可依寶寶脖子、身體溫暖，手腳稍涼的標準來調整。 2. 建議用溫開水洗臉，夏天勿使用油性或滋膩性保養品，避免毛孔堵塞。

其他

寶寶免疫力尚屬脆弱，很容易會被大人帶原病菌，藉由口沫或親吻等途徑傳染，使寶寶感染疾病。

● 若出現以下症狀，不可親吻寶寶

感冒症狀	1. 咳嗽、噴嚏、發燒、畏寒等呼吸道症狀。 2. 被感冒病毒感染後，可能會引發支氣管炎、肺炎等症或合併腦膜炎等。
感染皰疹	1. 在眼睛周圍、雙唇、口腔內、手足或軀幹等部位，出現大小如米粒的水泡，伴有發熱或淋巴結腫大，可能已感染皰疹病毒。 2. 此類病毒可經由親吻或口沫等方式傳播，雖然不危及成人生命，但對寶寶卻可能會致死。 3. 應避免接觸寶寶，更應禁止親吻寶寶。
患有口腔疾病	常見有齲齒、牙齦炎、牙髓炎等，大多由口腔不潔造成病原微生物在口腔中大量繁殖，經由親吻傳染給寶寶。
具有傳染性肝炎病毒帶原	B 型肝炎或其他病毒性肝炎表面抗原陽性的患者，其唾液或汗液等會存在病毒，可經由親吻寶寶使其感染。

● 嬰兒猝死症

嬰兒猝死症防治評估表

以下指標請家長核對，若未符合，請儘速改善，以降低嬰兒猝死風險。

☐ 每次睡眠都仰睡。

☐ 哺餵母乳。

☐ 嬰兒不與其他人同睡，建議與父母同室不同床。

☐ 出生 1 個月之後，可考慮在睡眠時使用奶嘴。奶嘴不可懸掛於嬰兒頸部或附著於嬰兒衣物上。

☐ 勿讓嬰兒趴睡在父母或照顧者身上。

小提示

未來懷孕時應注意：
- 接受例行產前檢查
- 避免吸二手菸及暴露二手煙或三手菸環境中
- 避免喝酒與使用非法藥物

資料來源：衛生福利部國民健康署

🔔 小提醒

3 歲以下幼童更需要兒科醫師的醫療照護。

● 若觀察到下列情況，建議儘速帶去給兒科醫師診療

1. 呼吸急促：若無發燒等其他感染症狀時，呼吸急促可能是心肺功能下降或受損。

2. 活力減低：若無發燒或其他病症時，呈現病奄奄的狀態，也是重症病徵之一。

3. 昏睡不醒：意識異常即是重症病徵之一。

4. 持續嘔吐不停：可能為腦膜炎等顱內疾病，也可能是心臟衰竭、胃腸道阻塞等。

5. 大便或小便出血。

6. 眼淚、小便持續減少：是脫水常見的徵兆。

7. 其他與輕微疾病不同的症狀，如：抽搐驚厥、意識不清、臉色蒼白及唇色發黑、皮膚上出現出血點等。

嬰兒按摩

新生兒皮膚

外觀呈紫紅色、些微皺褶、質地柔軟。因為皮膚層淺薄且皮下的微血管網豐富，所以皮膚吸收與通透力佳，故不應亂塗抹成人用保養品或藥膏，避免被吸收進血液中，對嬰兒造成不良影響。

新生兒周邊血液循環尚不穩定，若直接接觸冷空氣一段時間，會因為皮下水腫而使得手背及腳背上的皮膚呈現紫斑狀。這是正常的現象，幾天後即可恢復正常膚色。

觸摸的重要性

● 什麼是「撫觸」？

「撫觸」是專業嬰兒按摩的名稱，是近代「嬰兒照護」重要的項目。撫觸的動作是用整個手掌，對嬰兒的身體進行輕柔且平滑地觸摸。

媽媽是最合適的撫觸者，可藉由雙手對寶寶的肌膚操作有次序、有手法的科學性撫觸，使得溫和的刺激透過肌膚傳導，到達寶寶的中樞神經，進一步地產生積極的生理及心理效應。應用關愛的心情撫觸寶寶，並且每天都可以幫寶寶按摩。

嬰兒撫觸加深了父母與寶寶的親密關係，更是情感溝通的橋樑。此外，還有增進寶寶的新陳代謝、減輕情緒與肌肉緊張等功效，有助於寶寶的健康及發育，在現代已經被視為母嬰交流的重要方式。

● 與寶寶的第一類接觸

簡而言之，在父母親初次接觸到寶寶時，自然輕揉寶寶的手腳或輕撫臉頰、後背等接觸的動作，即可視為一種按摩。

● 觸摸是溝通的開始

觸覺是在胚胎發育之初，發展最快速的神經功能，是各種感覺的起源。在建立親子關係中扮演著必要的角色，也是寶寶與外界溝通的最初與最重要媒介。

* 在出生的那一剎那，即時擁抱孩子，愛與人性油然生焉。（ASHLEYMONTAGU 博士《觸摸：皮膚的人性意義》）

● 撫觸的好處

1. 不只是肌膚間的接觸，更是一種關愛的傳遞。

2. 增進寶寶胃腸的消化、吸收和排泄功能。

3. 幫助寶寶入眠及熟睡，並降低煩躁不安的情緒。

4. 促進全身的血液循環，有助於寶寶器官及肢體的成長發育。

5. 提高免疫力。

6. 促進寶寶的感覺發育。

7. 讓寶寶情緒穩定、心情愉悅。

● 需具備的條件

1. 應在安靜、整潔，光線柔和的室內，溫度在 23 ～ 26℃上下。

2. 按摩時間在餵奶 1 小時後為佳。

3. 撫觸前應修整雙手指甲並清洗乾淨。

4. 準備一條柔軟的毯子，幾條乾淨毛巾、尿布和替換衣物，以及嬰兒專用按摩油和乳液。

5. 媽媽與寶寶應先找出彼此舒適的體位，再搭配輕柔優美的音樂背景更佳。

6. 碰觸到寶寶身體之前，媽媽應先溫暖雙手掌心，並倒適量的嬰兒按摩油在掌心。

- 按摩油可以降低嬰兒皮膚摩擦所造成的不適感及損傷，所以嬰兒按摩油是撫觸過程中不可或缺的。

7. 寶寶的心情平靜安穩。

- 寶寶平靜有安全感，撫觸才能開始及繼續。

- 應隨時觀察寶寶，情緒若開始躁動不安應先暫停檢視其原因，例如：尿布濕、餓了？累了，想睡覺了？身體不適？

8. 每個寶寶的個性及喜好不同，建議不要強迫不願意接受撫觸的寶寶。

小常識

撫觸的力量要輕柔，寶寶逐漸適應後，再慢慢增加力道。避免強迫寶寶保持固定姿勢或特定體位。撫觸的順序及內容亦可依當下狀況調整。

小常識

早產兒可以做撫觸嗎？

在出生之初，早產兒的神經系統會快速生長發育，寶寶在這個時候接受撫觸，有助於神經系統的發育和增進感官應激性。此外，撫觸亦可增加早產兒的生長激素、胃腸激素分泌，對於體重和身高的發展明顯優於沒有接受撫觸的早產兒。

● 撫觸對寶寶生長發育的作用

1. 促進嬰兒的神經、大腦及肌肉、骨骼生長發育。

2. 強化淋巴系統，增強免疫力。

3. 對嬰兒疾病或生病時有治療的作用。

4. 增進胃腸道的消化功能及緩解脹氣等不適。

5. 能安撫緊張和焦慮的情緒，緩解疼痛。

6. 提高警覺，促進行為能力的發展和感覺統合的能力。

7. 提高自我認知的發育及能力。

8. 改善睡眠品質，例如：幫助入眠、加深睡眠，延長睡眠時間，增加睡眠次數。

9. 能促進母嬰之間的交流，提高親密關係，並促進媽媽乳汁分泌。

🍼 合適的按摩油與應用

新生兒的皮膚層淺薄且皮下的微血管網豐富，所以皮膚吸收與通透力佳。塗抹在皮膚上的按摩油必須是品質最純淨、香味刺激最少，富有營養且滋潤的油品，才適合嬰兒使用。若是香味刺激或質地厚膩的油，會引起不適或過敏。

建議應使用能被人體吸收的按摩油，例如從蔬菜、水果和堅果等提煉出的油品。很多嬰兒油是從原油提煉而來的礦物油，無法被身體吸收，容易造成阻塞毛孔、腺體受阻及皮膚乾燥等不良影響。

● 按摩的應用

無論使用何種油或混合油，在第一次使用之前，須先在寶寶的手肘內側塗抹一些油做皮膚測試，並留置及等待數小時，觀察是否有過敏或不適。

小常識

皮膚測試

作法很簡單，只要在嬰兒的一小塊皮膚上抹一點油，等 30 分鐘。如果過敏，通常皮膚會出現紅色疙瘩，1 ～ 2 個小時才會消失。

🍼 手法簡介

● 淺層壓力（輕撫法、羽順法）

操作動作時須輕柔和緩，適用於某些手法或肌肉群的開始與收尾。

1. 輕撫法：

以輕柔滑動的模式，常用於按摩的開始，以及把按摩油均勻地塗抹在寶寶的身上。此手法容易讓寶寶得到放鬆及平靜，同時藉由雙手來接收寶寶身體所要傳達的訊息。手法操作時可按照身體肌肉輪廓，輕柔地向前滑，然後雙手掌分開，向外順勢畫圈，再輕輕拉回原來位置。

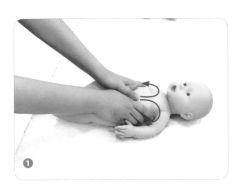 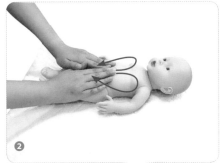

2. 羽順法：

將指腹的前端放在寶寶身上，輕輕地向外滑動（離心的方向），常用於後背部與四肢部位及按摩結束時。此手法是刺激皮膚的表層，可讓寶寶感覺舒服、安穩且放鬆。

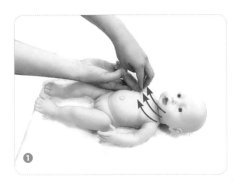

🔔 小提醒

兩手交替操作，一次只用一隻手跟身體接觸，儘可能使動作平順。動作接近結尾時，應漸漸減輕壓力及放慢速度。

● 中層壓力（畫圈法、掌壓法、扭轉法）

　操作時仍應從輕柔力道開始，等寶寶放鬆之後，再慢慢增加壓力。多用於已經完成輕撫法並將按摩油塗抹均勻之後執行，可緩解肌肉緊張。

1. 畫圈法：

適用於敏感與脆弱的部位，例如：手掌、足掌及腹部。視按摩的部位大小，將雙側的手掌或手指置於寶寶身上，以兩手交替，輕柔和緩且有節奏的手法，在肌肉上重複畫圈數次。

小提醒

在寶寶的四肢執行拇指畫圈法時，應在被按摩部位的背面適當地加以支撐。例如：在手掌畫圈時，應支撐著手掌背側。

2. 掌壓法：

適用於背部與四肢，可以促進肌肉組織延展與血液循環。用一手支撐寶寶的腳，另一手由踝往髖關節的方向操作推壓手法（上肢則是由腕向肩的方向操作）。

小提醒

不論是否使用按摩油，此手法都不適合用於敏感的部位。

3. 扭轉法：

通常在按摩完肌肉後操作，以扭轉法作為結束。此法是以兩手掌與按摩部位之間的張力進行旋扭擠壓，對於放鬆肌肉效果很好，適用於四肢身體與背部。應使用按摩油潤滑皮膚，才能使滑動順暢。

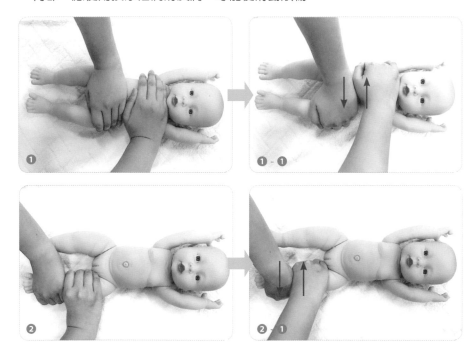

將雙手手掌併放在寶寶的身體上，再將雙手往對側、拉回中心反覆地滑動數次，藉由這樣的操作，同時上下移動按摩的部位，直到雙手與肌肉群全面接觸。過程中應維持力道的均勻。

● 深層壓力（手指擠壓法）

通常是為了舒緩特定部位的緊張而施作，因為此法施力點更為集中，所以須特別注意力道，避免反而產生不適。

1. 手指擠壓法：

是較適合用在寶寶深層按摩的手法，通常是兩隻手指（食、中指或中、無名指）一起施作於兩側的相同部位，且兩指的壓力要平均。先將兩手指置於要按摩的部位，然後均勻地向寶寶身體方向施加壓力（以不造成不適為原則），再慢慢的放鬆壓力。拇指壓法則力道較強，可斟酌選用。

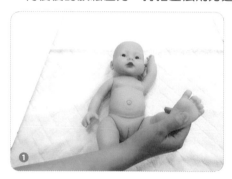
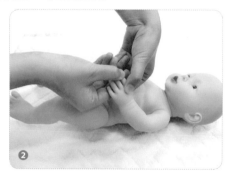

● 關節的按摩技巧（牽拉法－伸展法）

1. 牽拉法－伸展法：

大部分會在四肢、手指及腳趾上操作。嬰兒頸部尚屬脆弱，不應牽拉。在按摩後進行伸展法，可以舒展肌肉、關節並增加活動度，同時提升全身按摩的完整性。

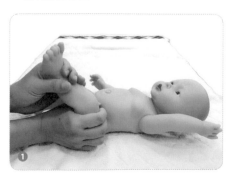
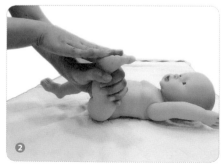

小提醒

按摩者與寶寶的姿勢擺位，以及感受阻力的敏感度都十分重要。

寶寶按摩須知

技巧	手指壓法、輕撫法、扭轉法
動作	力量要輕柔、平均、漸進 勿施加太多壓力，不可有快或突然的動作
情緒	專心、穩定、愉悅
環境	室內、舒適的溫度、光線及位置 毯子、毛巾、衛生紙、尿布、替換衣物 舒服的音樂及合適的按摩油
回應	寶寶會給予你立即的回應
時間	大約 5 ～ 10 分鐘，可視情況調整
禁忌	寶寶未滿 2 個月，不要做關節的活動

嬰兒按摩的步驟

　　剛開始按摩時可選擇由「身體正面」起手。由於此體位與寶寶面對面,能夠保持視覺上的接觸與聯繫,可使寶寶更快更容易放鬆而享受按摩的愉悅。可先憑直覺去按摩,並適時調整時間。

　　將雙手掌塗抹適量的按摩油並搓揉溫暖後,掌面放置在寶寶的下腹部。過程中可與寶寶說話並維持視覺接觸。

● 展開胸腹部(心臟按摩)

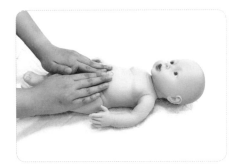

Step1

雙手平放於寶寶下腹部,手指置於肚臍下。

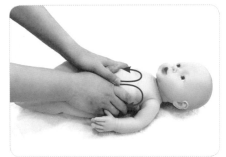

Step2

從下腹部開始,用輕撫法向上推到胸部,接近心臟時壓力漸漸增加,離開心臟時壓力減輕。

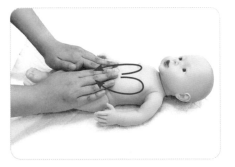

Step3

順勢從胸廓回到起始位置。在將手拉回時,施力要非常輕。重複幾次使寶寶放鬆且鎮定。

小提醒

手掌需平貼身體並配合肌肉的形狀，保持動作輕柔且有節奏。

● 輕推胸廓部

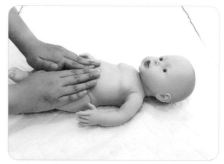

Step1

雙手從腹部開始向上推至胸廓頂端。

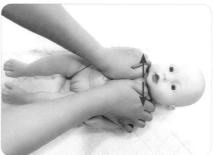

Step2

用拇指指腹在鎖骨下方，慢慢地向外推或進行螺旋畫圈至兩側肩膀。

Step3

到肩膀後可順勢從胸廓回到起始位置，可重複數次。

● 扭轉軀幹部

Step1

輕撫法回到胸部後,將兩手交叉包覆
住寶寶胸部。

Step2

兩手平貼緩緩移向中線,再延伸到對
側,輕柔地在軀幹上做向下的扭轉
法。

● 撫摸肩、臂部

Step1

重複數次胸腹部輕撫法後,接著由腹
部向上,從手臂下推。

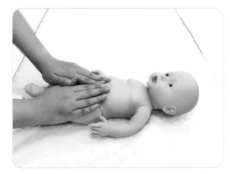

Step2

下推時可輕輕地擠壓一下手臂的肌
肉。過程中將油均勻塗抹,下推至手
指。

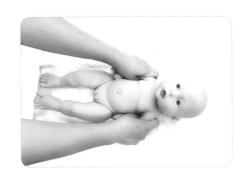

Step3

至手指後再輕滑回起始位置，可繼續
重複相同的動作。

● 促進手臂循環與舒緩手臂

Step1

從手腕開始，可一手支撐寶寶手臂，另一手用手掌施予壓力向上推到肩膀。也可
將寶寶置於柔軟床上，兩手交替做一連串的短推法，按摩時稍微增加一些壓力。

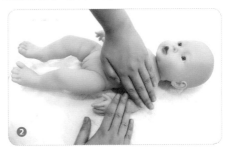

Step2

保持按摩者手腕抬高，放鬆手指。手
指尖順著手臂輕柔而下，從肩膀做到
手腕，動作像撫弄琴弦一般。此手法
可以刺激皮膚並增加感覺。

 小提醒

按壓經過關節時，記得將寶寶手彎曲起來。

● 手部擠壓與畫圈法

Step1

用兩指端的指腹,以最輕柔的力道由根部往指尖輕輕挾壓至指尖,並操作於每隻手指。可同時雙手一起按摩,或一次操作一隻手。擠壓操作完後,可握住寶寶的指端作屈伸的動作,並輕輕活動手腕,是不錯的活動。

Step2

接著以雙手的食、中指置於手腕下方作為支撐,兩拇指同時在手腕關節的中內兩側上,以螺旋狀向外畫圈。

🔔 小提醒

使用拇指指腹貼在皮膚上施壓滑動時,壓力要很輕,避免磨傷寶寶皮膚。

Step3

手腕結束後,食、中指持續支撐著手腕及手掌處,兩拇指指腹在手背上由中心向外螺旋狀畫圈。拇指可重複畫圈於手背不同部位。

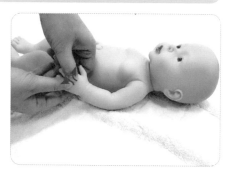

Step4

手背結束後,翻轉手掌,使掌面朝上,以食、中指支撐著手背。兩拇指指腹在手掌上畫圈,盡量接觸到全部手掌,可在結束前輕輕地擠壓整個手掌。

Step5

手部最後可搭配羽順法，運用指尖在手掌上像撫弦一樣，輪流從每隻手指上輕撫而下。此時寶寶會有快樂的感覺，且可以刺激皮膚。

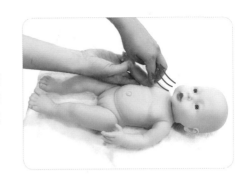

● 腿部

Step1

將雙手掌塗滿油後，緊貼寶寶的下腹部，向外輕撫直到足部。過程中盡量將所有的部位都塗滿油，拉回時輕輕地擠壓刺激肌肉，也可在皮膚上作些扭轉的動作。

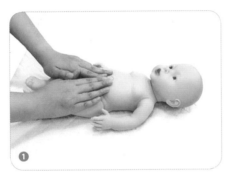

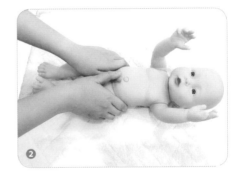

Step2

接著將手掌平貼在一側腳上，稍微增加壓力，從腳踝往上做一連串短推的動作，按摩到髖關節。經過關節處記得將手掌彎起來，勿壓迫到關節處。

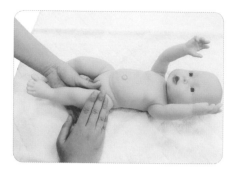

Step3

雙手順勢包覆著大腿，輕柔地在大腿上做向下扭轉法。若手在滑動時不會黏住皮膚，則可適時增加一些壓力。

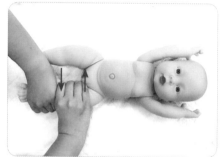

Step4

扭轉法結束後，雙手分別輕握住寶寶的腳跟膝蓋，緩緩地推向身體方向，之後再將腳朝向外側再試一次。重複幾次來伸展髖關節。
切記！此手法須非常輕柔，才可在遇到阻力時適時停止。

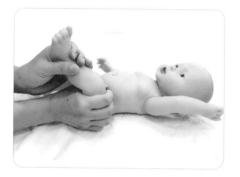

● 足部

Step1

拇指在腳底，其餘手指握著腳背及踝部，用拇指輕輕擠壓腳掌，由跟部往腳趾方向持續輕輕地擠壓。此手法可依個人情況，兩手各別進行或是同時進行。

Step2

仍以其餘手指握著腳背及踝部，拇指在腳掌螺旋畫圈，盡量按摩到整個腳掌。在腳趾根部時，可稍微增加力道按壓，但避免施力在腳背。

Step3

延續畫圈法後，在足部做前後的扭轉法。用按摩者的拇指在足部下方固定，持續做到腳趾，對於放鬆肌肉很有幫助，可重複數次。

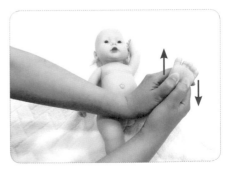

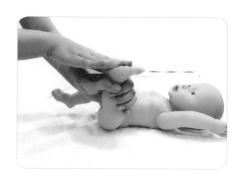

Step4

接著執行對關節有幫助的反壓動作。
用手包覆住腳跟,將手指放在腳底,
緩緩將寶寶足部向下壓。

* 伸展寶寶的關節時動作要輕柔,才可在
  遇到阻力時適時的停止。

寶寶脹氣、腸絞痛的按摩護理

寶寶會有陣發性的使力哭嚎、甚至握緊雙拳,四肢彎曲的症狀,可由「日哭
3 小時以上」、「一週約有 3 天發生率」、「症狀延遲達 3 週」的特性做初步
判別。

發生原因不明,可能為乳糖耐受不良、腹脹、牛奶蛋白過敏、腸道神經系統
不成熟,及餵食技巧不當等因素所致。

● 臨床運用

在幫寶寶按摩前,應先搓熱手心,因為人體感受到溫熱時,腸道蠕動會減慢;
受冷時,蠕動則增快,因此以溫熱的掌心幫寶寶按摩,在緩解因蠕動太快所致
的腸道疼痛感有加乘的效果。平日即可透過「物理療法」,幫寶寶在腹部以順
時針方向按摩,提升腸道正常的蠕動及消化功能,進而降低腹脹氣及絞痛的發
生。

1. 臍周畫小圈

- 用途：按摩、刺激小腸，促進腸道的蠕動及消化。
- 步驟：兩指併攏，用末端的指腹，以畫小圈圈的方式，順時鐘方向持續在寶寶肚臍周圍繞圈。

2. I + L + U 口訣：I Love You

- 用途：以循序漸進的按摩方式，將腸道內氣體順利排空，以及緩解痙攣或蠕動太快的腸道。

Step1	Step2	Step3

①	②	③

在肚臍的左上方，約肋骨下緣為起點，以 2 ～ 3 指指腹併攏，順勢往下推至肚臍左下方。

在肚臍的右上方，約肋骨下緣為起點，先橫向肚臍的左上方，再轉而往下推 (如步驟 1)。

從肚臍的右下方到右上方推，即步驟 2 的起點，再依步驟 2 的方式，先橫向推再轉而往下推到左下方。

* 以上每個步驟的手勢，均做 3 ～ 5 次。

3. 單腳腳踏車

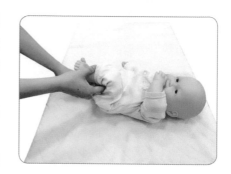

- 步驟：先將寶寶躺平，雙手分別握住一側的腳踝與膝蓋，慢慢往上推，使髖及膝關節彎曲，讓大腿貼近下腹部，並停留約 3～5 秒後，再慢慢伸直大腿。兩側下肢如此交替操作，可重複數次。

- 用途：利用加壓按摩法，促進下腔腸道排空，並緩解腸道症狀不適與疼痛。

- 禁忌：在寶寶滿 2 個月之前，避免做關節運動。

4. 雙腳腳踏車

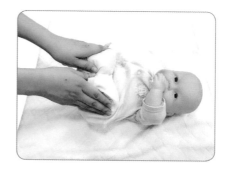

- 步驟：雙手同時握住兩側小腿，同時一起慢慢往上推，使兩側的髖及膝關節同步彎曲，讓兩側大腿合併且貼近下腹部，並停留約 3～5 秒後，再慢慢伸直大腿。可重複數次。

- 用途：若操作單腳法而仍未緩解時，可以用雙腳法加強效果。

- 禁忌：在寶寶滿 2 個月之前，避免做關節運動。

如何正確哺餵母乳

關於母乳

母乳的組成成分是大自然專為新生兒所創造的，含有寶寶成長過程中需要的養分。除了基本的熱量、蛋白質外，還包括免疫球蛋白 IgA、白血球、補體即溶菌素、DHA 等，都是配方奶所無法提供，是所有嬰兒最好的食物，包括早產兒及生病的嬰兒。

喝母乳對新生兒的益處一直不斷的被研究而證實，例如能降低兒童期罹患淋巴癌、白血病、霍金氏病的機率，長大後血壓和膽固醇較低，兒童期不易患糖尿病，還有減少猝死症的機率等。

哺餵母乳的行為，除了有助於新生兒的身心健全及發展，同時對授乳的媽媽也獲得生理、心理和精神上的回饋與益處。

小常識

嬰幼兒攝取 DHA 的情況

雖然 DHA 有助嬰兒成長，但是 DHA 若攝取過量或與其他脂肪酸的比例失衡，將會使身體對其他脂肪酸的代謝作用異常，造成體內機能運作受影響，例如腎功能、凝血機制和免疫反應等。

● 從母乳攝取營養素的優點

蛋白質	1. 非常容易消化吸收，不易過敏、不易攝取過量，最適合嬰兒。 2. 主要是乳清蛋白，由乳鐵蛋白、乳蛋白、溶菌素及免疫球蛋白 IgA 等組成，是初生嬰兒免疫的第一道防線。
碳水化合物	1. 主要是乳糖，易轉化成葡萄糖提供大腦使用，增進鈣質吸收。 2. 使嬰兒腸胃道的環境呈偏酸性，抑制病菌的滋生。
脂肪	含有多元不飽和脂肪酸，特別是長鍵多元不飽和脂肪酸（即 DHA），腦及視網膜等神經組織中含量豐富。
電解質	含量適中，其中鐵含量雖然較配方奶低，但吸收利用的效率卻很高，並可同時減少新生兒腎臟的負擔。
維生素	1. 含量豐富，並有多種酵素，增進營養的吸收。 2. 全素的媽媽若親餵，應額外攝取維生素 B12。
含多種抗感染的因子	較不易感染中耳炎、下呼吸道感染，以及腸胃道感染等。

如何正確哺餵母乳

母乳哺育

哺餵母乳對媽咪及寶寶的好處

母乳含有最適合嬰兒所需的維生素、蛋白質、脂肪及其他營養素，還含有免疫保護物質，可以促進嬰兒健康，是大自然中唯一針對人類嬰兒所設計的產品，是人類嬰兒本來就應該有的食物（資料來源：國民健康署，2018）。

● 對媽咪的好處

哺乳期間產婦與新生兒有較多的肌膚接觸及互動，能促進親子間的關係更加緊密。

1. 增進子宮收縮的復舊並預防及減少產後出血。

2. 代謝增加更易恢復到懷孕前體重。

3. 哺餵越久，越可降低乳癌、卵巢癌的機率。

小常識

婦女哺餵母乳的時間若超過 16 個月以上，在停經前罹患乳癌機率較低。

小常識

在母乳哺餵期間，由於母體泌乳激素升高，排卵機率較低。通常全母乳哺餵的產婦，產後第一次來月經的時間平均約在產後 6 ～ 8 個月。

● 對寶寶的好處

1. 含多種抗感染因子，較不易感染中耳炎、下呼吸道感染，以及腸胃道感染等。

2. 含豐富的 DHA，能增進腦部及智力的成長發育。

3. 所含蛋白質最適合寶寶，較不易過敏，能降低過敏的機會及嚴重程度。

4. 含抗發炎及免疫調節因子，可促使寶寶免疫系統的完善，降低發炎反應，如腹瀉、肺炎等。

5. 其中的乳清蛋白及脂肪酶等，能讓母乳更容易被消化吸收。另外，母乳內許多的酵素更能幫助營養素的吸收。

6. 減少兒童時期糖尿病或肥胖發生的機率。

7. 能增進新生兒的安全感與關愛的需求。

哺餵母乳的原則

1. 儘早讓寶寶與媽媽能有肌膚的接觸與吸吮。

2. 應不限次數，須依寶寶需求哺乳。乳汁的分泌通常會隨著嬰兒的吸吮增加而分泌越多，反之吸吮減少則越少。

3. 母乳消化吸收較快，開始哺餵時大約 2 小時就可餵食一次。

4. 應注意乳房、乳頭的清潔及狀態，若乳頭較短或凹陷，應儘早改善。

5. 確認寶寶的含乳姿勢，應左右兩側輪流哺餵或排乳。

6. 母親應有充分的休息與營養，以及健康的生活，並穿著寬鬆衣物。

7. 乳汁的分泌與品質取決於食物的攝取，因此哺乳媽媽的飲食應注意：

   ・增加蛋白質及水分 (蔬果、湯品等) 的攝取，以促進乳汁的分泌。

   ・全素的媽媽若親餵，應額外攝取維生素 B12。

   ・禁自行服用成藥。

   ・避免進食含人蔘、韭菜及麥茶的食品，以防乳汁分泌減少。

   ・避免刺激性食物：酒、煙、咖啡、茶、可樂、調味料 (如辣椒、芥末等)。

● 不適合哺餵母乳的情況

1. 嬰兒的情況
    - 半乳糖血症、高胱胺酸尿症：飲食應由醫師或營養師調配。
    - 苯酮尿症：非絕對禁忌。
2. 母親的疾病（下列情況不建議哺餵母乳）
    - 有急性傳染病，如肺結核或愛滋病。
    - 人類 T 細胞白血病第一型病毒 HTLV-1。
    - 使用抗癌症藥物、放射性同位素物質－依半衰期而定。
    - 乳房有膿瘍或疱疹。
    - 藥物濫用者。

● 哺乳期用藥應遵循原則

1. 儘可能減少使用藥物，例如聯合和輔助性用藥。
2. 必須用藥時，應由醫師指示。
3. 對哺乳有嚴重影響或對寶寶的安全性有疑慮時，應先暫時停止哺乳。
4. 必須用藥時，應調整哺乳時間以減少寶寶吸收的藥量。
    - 在哺乳後立刻服藥，並多飲開水幫助代謝出體外。
    - 儘可能延後下次哺乳的時間或至少間隔 4 小時，使藥物濃度降到最低。

● 產後忌服的西藥

以下藥物會使乳汁量減少或使新生兒中毒，甚至會損傷新生兒肝功能或抑制骨髓功能等，應在醫師指示下服用。

種類	藥品名稱
抗生素	如 Chloramphenicol、tetracycline、andkanamycin 等
鎮靜、催眠藥	如 Amiteand、Chlorpromazine 等
鎮痛藥	如 Morphine、Codeine、Methadone 等

種類	藥品名稱
抗甲狀腺藥	如 Iodine、methimazole 等
抗腫瘤藥	如 5-fluorouracil 等
其他	如 Sulfadrugs、isoniazid、aspirin、sodiumsalicylate、reserpine 等

常見哺乳 Q&A

Q1 媽咪感冒、B 型肝炎帶原或寶寶有輕微黃疸，能哺餵母乳？

可以，但建議戴口罩，避免飛沫傳染。

Q2 什麼是「依嬰兒需求餵奶」？

就是由嬰兒決定一餐要吸多少奶，只要嬰兒有想喝奶就哺餵。

Q3 母乳建議哺餵多久？

建議產後 6 個月內應完全以母乳哺餵，其熱量及營養素足夠滿足寶寶的營養需求。6 個月後，母乳無法滿足寶寶的需求，因此，除了母乳哺餵外，尚且需要額外增加其他副食品的營養以滿足寶寶需求。

小常識

世界衛生組織建議寶寶出生飲食標準

1 6 個月前：可純餵母乳，不必餵食水及其他食物。

2 6 個月後：適當地開始添加副食品，並持續哺乳到 2 歲或 2 歲以上。

母乳哺育的技巧

如何成功哺餵母乳

「哺餵母乳的過程」被大部分的媽媽視為具有營養及親愛的象徵，更是達成母親角色的重要因素。若是母乳哺餵不順利，將減少媽媽與寶寶之間親密感覺的聯繫。

如何能成功哺餵母乳呢？有賴於以下四大要點：

媽媽能順利地持續泌乳	寶寶能正確有效的含乳及吸吮
正確的母乳哺育姿勢	周遭環境的支持

媽媽如何順利分泌乳汁

應瞭解乳汁分泌的特性、泌乳與排乳的反射，以及如何達到寶寶的需求量與媽媽乳房分泌量相當的均衡狀態。

1. 乳汁分泌的特性

初乳 （colostrum） 	成熟奶 （mature milk）
1. 在懷孕末期到產後 2 ～ 5 天出現。 2. 顏色略帶黃、藍，質地較黏稠。 3. 其中免疫球蛋白 IgA、脂溶性維生素、礦物質及生長因子含量多。 4. 通常不容易分泌出來，須經由寶寶頻繁地吸吮或擠奶排空，較能順利排出。 5. 一般在產後 4 ～ 5 天，奶水會順暢流出。產後初期若寶寶吸奶次數或排空次數太少，易造成「脹奶」疼痛不適，乳汁不易排出，最後導致乳汁分泌減少、脹奶導致寶寶含不住、不喜歡吸……等等問題。	1. 產後 2 ～ 5 天之後，初乳會逐漸轉變為「過渡奶」，約產後 2 星期再轉變為成熟奶。 2. 含有新生兒所需的營養，其中水分的含量較多。母乳哺餵的寶寶在兩餐之間不需特別補充水分。 3. 成熟奶有「前奶（fore milk）」與「後奶（hind milk）」之分。 4. 前奶—是哺乳時前半段所分泌的乳汁，含較多量的蛋白質、乳糖、維生素、礦物質及水分。 5. 後奶—是哺乳時後半段所分泌的乳汁，含較多量不飽和脂肪酸。

由於前奶與後奶所提供的養分有些不同，為了讓寶寶也能順利吸到後奶，應在寶寶吸到足夠的奶後，再停止或換邊哺餵。若寶寶吸完一邊即飽足的話，可以下次再換另一邊哺乳，不須每次一定要兩邊都哺餵。

2. 母乳哺餵機轉
- 奶水分泌的原理
  a. 當寶寶吸吮媽媽的乳房時，乳頭即受到刺激，會傳遞訊息到大腦，使其分泌泌乳激素到血液中。
  b. 寶寶吸吮（刺激）乳房→乳暈末梢神經（傳送訊息）→（給）腦下垂體→（命令）分泌泌乳素→血液輸送到乳房→（作用在）乳腺細胞→分泌乳汁。
  c. 由於泌乳激素在晚上的分泌量較白天多，因此夜間哺餵對於增進奶水的分泌量非常重要。
  d. 另外，催產素（oxytocin）會使乳腺肌皮細胞收縮，進而噴出乳汁，又稱「噴乳反射」。

  *假如沒有「噴乳反射」，只藉由嬰兒的吸吮是很難獲得初乳的乳汁。

- 噴乳反射
  ★特徵
  a. 當媽媽聽到寶寶的哭聲時，乳頭會分泌乳汁。
  b. 哺餵或擠母奶時，對側的乳頭也會分泌乳汁。
  c. 寶寶吸吮乳房時，乳頭會有刺刺麻麻的感覺，同時乳房會有充盈飽滿感。

  ★形成的要件
  a. 乳頭的刺激足夠，寶寶有正確的含乳與吸吮，媽媽哺餵或擠奶的次數及時間足夠。
  b. 輕鬆、愉悅的情緒可增進噴乳反射，反之，若緊張、擔心、焦慮則此機制會被抑制。
  c. 足夠的休息與睡眠健康狀態，可促進噴乳反射發生，反之，若疼痛、勞累則此機制會被抑制。

如何正確哺餵母乳

121

泌乳及排乳反射（**letdown reflex**）的形成與促進

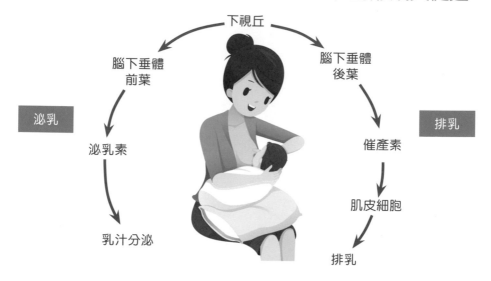

下視丘

腦下垂體
前葉

腦下垂體
後葉

泌乳

排乳

泌乳素

催產素

肌皮細胞

乳汁分泌

排乳

3. 供需平衡的達成

- 在產後早期的哺餵原則，應以寶寶需求來哺餵。前 6 個月可以用純母乳哺餵，通常不須再額外添加配方奶或開水等。

- 當寶寶吸吮的奶量越多，媽媽的奶水量就會產生越多。若無法親餵時，應在 2 ～ 3 個小時內將奶水擠出來，才能刺激乳房持續地分泌奶水。

- 哺餵的次數及量越多，泌乳量就會隨之增加。當媽媽泌乳量足夠之後，就不必強行在每次哺餵完後再將餘奶排出。

- 最後，寶寶吸多少奶（即需要多少），乳房大約就分泌多少乳汁，達到供需平衡。

● 如何幫助寶寶有效吸吮

1. 雖然寶寶有尋乳反射的本能，但是能夠順利的吸吮母乳仍須有學習的過程：

- 過程中須運用五官的感覺，特別是嗅、觸覺的感受經驗並加以組織統整。

- 在學習過程中，應避免或減少干擾，如：奶嘴、奶瓶等。

- 媽媽儘早與寶寶肌膚接觸及越早開始哺餵母乳，越能順利吸吮。

2. 了解寶寶需求的哺乳型態

- 寶寶想喝奶（餓）的訊號

    a. 吸吮自己的手、頭會轉來轉去、嘴張開、主動尋找乳房或尋乳反射等。

    b. 哭鬧（排除寶寶不適）若安撫或換尿布後仍無法平靜。

- 多久餵一次寶寶？

    a. 產後初期應視寶寶的需求，決定餵奶時間的長短與間隔。

    b. 不必每次兩邊都要餵到，若一邊已餵飽寶寶、不吸了，即可先休息，下次哺乳再從另一邊開始，如此兩邊交替哺餵。

    c. 若媽媽的乳頭有疼痛不適感，或餵完一邊後寶寶還想再吃，則應換對側乳房餵食。

- 需多久餵一次？

    a. 原則上寶寶餓了就哺餵。

    b. 在寶寶清醒不睡或睡眠時間短暫的時段，須哺餵較多次才能滿足寶寶的需要。

    c. 若寶寶睡得比較熟，時間較長，可等寶寶醒來後，餓了再哺餵。

- 若寶寶吸奶的過程斷斷續續，可搔搔他的耳朵、頸背或腳底，勿讓寶寶休息太久或睡著了。

- 若寶寶已熟睡，應輕輕移開乳頭勿讓寶寶持續含乳睡覺。

小常識

為何不讓寶寶含乳睡覺？

1 養成不良的喝奶習慣。

2 不利於寶寶消化吸收，且影響寶寶與媽媽的睡眠。

3 媽媽熟睡時，可能會有乳房遮掩住寶寶口鼻而產生窒息的危險。

4 易使媽媽乳頭皸裂，增加感染機會。

- 若產婦的乳汁充足，寶寶正常的吸吮，快者 10 分鐘內就吃飽，慢者可能會超過 30 分鐘。

- 由於每個寶寶的差異性很大，所以建議媽媽除非乳頭感覺到痠痛，否則應讓寶寶吸吮到自動鬆開。

如何正確哺餵母乳

3. 寶寶正確吸乳的表現

正確含乳

STEP1

- 含乳時的上下唇會張開約 120 度，下嘴唇會外翻，同時下巴會接觸乳房。
- 含著的是較大的乳暈範圍，而非小小的乳頭而已。
- 若發現寶寶的下唇向內含在嘴裡，是不正確的，應用手輕輕撥弄他的下巴使其外翻露出。
- 寶寶應有節律性地吸吮及吞嚥乳汁的動作。
- 媽媽的乳頭（暈）會有被向前吸出的感覺。
- 在正確吸乳狀態下，才能有效地刺激乳腺持續分泌乳汁。

STEP2

4. 評估寶寶是否有吃飽

鬆開或吐出乳頭	寶寶吸奶後，若主動將乳頭鬆開或吐出（也有可能睡著了），代表寶寶可能吃飽了。 * 當寶寶急促吸奶，不願鬆開乳頭還伴隨哭鬧，可能是奶水不足。
體重的增減	正常新生兒體重的進展是每個月增加 0.5 ～ 1 公斤，則表示母乳量足夠，同時有正確吸乳。 * 新生兒在第 3 天體重會有自然下降的情況，但若體重下降超過 10%，則應檢視寶寶吸乳是否正常（泌乳量、含乳姿勢等）。 * 體重下降太多（超過 10%）或有脫水現象，建議補充更多母乳或母乳外的添加物。
睡眠情況	喝完奶睡不到 2 小時就醒，則表示寶寶沒有吃飽。
大小便的次數	每天應尿濕 6 ～ 9 片尿片（出生後前 3 天為 1 ～ 4 片 / 天）。

5. 寶寶對母乳的消化與排泄

- 母乳在寶寶胃內排空所需的時間約 1.5 ～ 2 小時，配方奶則更久，約 3 小時，所以，通常建議每隔 2 ～ 4 個小時哺餵一次。
- 母乳具有輕微瀉下的作用，也可能完全被消化吸收，所以很少有腹脹或便祕的情形。
- 母乳便形質呈稀糊狀，顆粒性且水分較多，輕微蘋果酸味，無臭味或黏液便，每日排便次數變異性很大，可由一天 4 ～ 6 次到每週一次。餵配方奶便，則呈較大顆粒且較成形，味道較臭，每日排便約 1 ～ 2 次。

● 母乳哺育的方法技巧

提供新手媽媽能更輕鬆且成功地哺餵母乳方式。通常會在床上或椅子上（有扶手或椅背者佳），視情況可能會用到數個枕頭、腳凳，保持舒服的姿勢，並用衛生紙或濕紙巾來清潔。

找正確姿勢

媽媽要先找出舒服的姿勢，通常是坐臥於床或椅子上：

a. 坐於床上：背部墊枕頭靠於床頭或牆壁。

b. 坐在椅子上：背部墊枕頭靠於椅背，雙腳屈膝踩於凳上，屈膝約成直角。

坐姿可以運用搖籃式與橄欖球式抱法哺餵：

小提醒

乳頭凹陷者可用吸奶器協助牽引；脹奶者協助將乳暈處乳汁擠出，利於寶寶吸含。

搖籃式抱法是將寶寶橫於腹部使母嬰的腹部相對，並以一側的肘窩支撐其頭頸部，再用枕頭讓手臂有適當的支托。

橄欖球式抱法是用一手前臂托夾住寶寶的臀部於身側腰際，再用同一手或雙手掌撐扶其頭頸部，再用枕頭讓手臂有適當的支托。

c. 側臥於床上：

- 媽媽與寶寶面對面的側臥姿勢，再用枕頭支撐媽媽的頭、背部，以及嬰兒的背部。

- 由於哺餵時間可能會到 30 分鐘之久，為了能讓寶寶持續順利吸吮，母嬰彼此的舒適度是很重要的。建議不管用任何姿勢哺餵，都應讓媽媽的背部、手臂及寶寶的頭頸、背部有合適的支托。

哺乳技巧

a. 協助就乳：

 媽媽用抱小孩的另一手虎口，輕托乳房，並讓乳頭稍向前突出，輕輕的觸碰寶寶的雙唇（上唇較佳），來引起尋乳反射。

 當寶寶嘴巴打開時，再幫助含入全部乳頭及部分乳暈，並不要遮擋住寶寶的鼻孔。

b. 移開乳頭：當須換邊或吸飽後，寶寶仍然吸含著乳頭時，可以用手指輕撥寶寶的嘴角處，讓空氣進入寶寶口腔中，待乳頭鬆開後，再輕輕地移開。

c. 視寶寶和媽媽的情況，用相同的方式哺餵另一側。

結束餵奶

a. 餵奶後應幫寶寶拍嗝或直立抱一會兒使其排氣。若寶寶含乳吸吮動作正確，在過程中不太會吸入空氣，有時可以不需排氣或排不出氣。但若以「奶瓶」餵母奶或配方奶，則應增加「排氣（嗝）」的動作。

b. 排氣後，若要將寶寶放回床上，應將頭部墊高或將頭側向一邊。

● 何謂生物哺育法？

先找出媽媽最舒適的躺臥姿勢，讓嬰兒面對面地俯臥在胸前，藉由地心引力作用使寶寶更靠貼在媽媽的身上，並可使用枕頭及被子適當地撐托再提高舒適度。

生物哺育法該怎麼做？

- 媽媽採取或坐或躺，或半躺半坐的姿勢，再用身體自然地撐托寶寶，並用枕頭或被子適當地撐托母親的頸、背、手臂、腿等處，使母嬰感到舒適。
- 寶寶可用身體的任何角度俯臥於母親身上，並藉由腿腳與媽媽的身體接觸維持在適合吸奶的位置。
- 媽媽可以再用手臂或枕頭、被子撐托或圍繞著寶寶。
- 應適當的運用撐托技巧及寶寶的重力，即可創造出良好的姿勢與體位。不應額外在嬰兒的頸背部上加壓來維持。

生物哺育法的各種姿勢

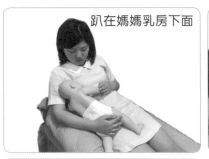
趴在媽媽乳房下面

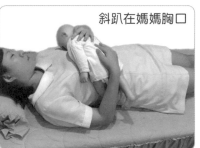
斜趴在媽媽胸口

支撐好趴在媽媽側身

趴在媽媽肩上

🍼 寶寶拍嗝方法

在餵完奶後，藉由空掌由下往上輕拍寶寶的背部，使胃內氣體排出。若拍嗝許久仍不見排氣，嘗試變換寶寶姿勢，可以先將寶寶平躺於床上後，再保持直立抱姿，有些寶寶就會自然排氣。視寶寶的嘴角是否有溢出的奶或口水，用衛生紙或紗巾擦拭乾淨，並觀察寶寶是否喝飽，來決定是否再哺餵。

協助寶寶排出吸入之空氣，拍嗝時可採下列姿勢

坐式	臥式	肩式

寶寶側坐在媽媽大腿上，身體側面稍靠貼於媽媽的胸腹部，媽媽一手輕撐托住寶寶下巴與脖子處，另一手以空掌的手勢由下往上輕拍寶寶的背部，使胃內氣體排出。	寶寶橫著俯臥在媽媽大腿上，媽媽一手輕托住寶寶下巴與脖子處，另一手以空掌的手勢輕拍寶寶的背，使胃內氣體排出。	一手抱著寶寶的臀部，另一手撐托住頭頸部，並讓寶寶趴靠在媽媽的肩膀上，臉側一邊（須注意寶寶姿勢穩定，預防其往後仰），再將撐頭頸的手以空掌的手式由下往上輕拍寶寶的背部。

餵母奶期間應注意

1. 應保持乳頭及乳房的清潔，哺餵前應先用毛巾擦拭乾淨。

2. 維持乳腺的通暢，避免乳腺炎的發生。

3. 均衡營養的飲食與充足的水分，並保持充分睡眠。

4. 留意嬰兒大便的形態是否有異。

母嬰親善醫院

影響哺餵母乳的社會支持，最直接且重要的是來自醫院環境。所以 1990 年由世界衛生組織及聯合國兒童基金會所提出「母嬰親善醫院」的規劃，主要的目的是希望能創造一個讓母乳哺餵成為常規的醫療照顧環境，並給予每個嬰兒生命最好的開始。

為協助產婦成功哺餵母乳，近年政府的政策要以「自然及溫馨的方式來推動母乳哺餵」，並獎勵母嬰親善醫院的設置。接下來社會的大環境及相關的政策是否能讓婦女方便哺乳？再者是周圍重要他人是否能提供恰當的支持？這些都會影響哺乳的結果。（母嬰親善醫院名單，可上衛生福利部國民健康署查詢。）

母乳哺育姿勢

1. 母親姿勢
   - 只要寶寶吸乳順利，可依不同情況改變。
   - 媽媽應採取最舒適的姿勢。
   - 媽媽只撐托寶寶，不可塞奶給寶寶。
   - 可搭配使用枕頭或被子撐托媽媽及寶寶，更加能提高舒適度。

2. 寶寶姿勢
   - 頭部不應扭轉，頭部不應前傾或後仰，且耳、肩、髖三點應呈一直線。
   - 臉正對乳房，鼻子正對乳頭。
   - 身體應緊貼著媽媽的身體，肚子貼肚子。
   - 寶寶須被撐托住全身。

媽咪哺乳姿勢四大重點

1. 寶寶的耳、肩、髖三點應呈一直線。

2. 寶寶的臉要正對著乳房。

3. 寶寶的肚子緊貼著媽媽的身體。

4. 媽咪的手臂托著寶寶的背部與臀部。

哺乳期間的注意事項

如何收集母乳

1. 洗淨雙手，準備毛巾兩條、臉盆盛溫水約 40 ～ 42℃、消毒過的奶瓶或集乳袋、紙巾等。

2. 在床上或椅子上進行，準備靠背及撐托的枕頭或被子。

3. 清潔乳頭
   - 將毛巾浸濕溫水後扭乾，以螺旋狀輕輕由乳頭往乳房擦洗（拭），力道必須輕柔。
   - 用相同方式清潔另一側的乳頭、乳房，並保持乾爽。

4. 運用排乳反射
   - 媽媽須保持心情的愉悅及舒服的姿勢。
   - 看著寶寶或溫柔地按摩觸摸乳房，可以刺激催產素分泌，進而激發排乳反射。

5. 擠奶
   - 將瓶口置於乳頭下方，以能盛接到乳汁為主。
   - 先用指腹按摩乳房及乳暈，以增進噴乳反射。
   - 拇指和其餘四指分開（呈 C 形），以乳頭為中心，分別放在其左右或上下相對等位置，約離乳頭 1.5 寸處。拇指及食指定點往胸壁下壓並向著乳頭推擠，緩緩將乳汁排出。

 小提醒

擠壓的部位應以乳暈下方的輸乳竇為主。正常擠乳時，應該不會產生疼痛，若有疼痛感覺，應更改擠壓的位置或降低擠壓力道。

   - 可用順時鐘的方向，改變拇指與食指相對的位置並擠壓，直到乳汁明顯減少。

· 每邊乳房約可擠 5 分鐘，直到乳汁明顯減少。再以相同方法擠另一側乳房，交替數次，直到乳汁分泌量明顯減少。

 小提醒

交替擠乳的目的，是讓已擠過的那側輸乳竇重新充盈乳汁。

6. 最後倒入集乳袋並註記日期、時間，再以冷凍或冷藏方式保存。

● 母乳如何保存與使用

有時候擠出來的母乳無法立即給寶寶食用時，就需要瞭解如何適當地保存母乳和使用。

1. 儲乳工具

集乳瓶

就是奶瓶，只是蓋子不同。餵奶時使用有奶嘴頭的蓋子，保存時則用密封的蓋子。每次使用後應清潔並消毒。

集乳袋

一般有 50 毫升、80 毫升、100 毫升、160 毫升、200 毫升等不同容量型號，建議依照寶寶一餐的奶量選用合適容量。使用時應照產品使用指示，將封口密封後並寫上儲存日期及容量，再行冷藏或冷凍。但須注意集乳袋不可重複使用，避免乳汁遭到污染。

2. 母乳保存

- 將母乳倒入集乳袋內，建議依照寶寶一餐的食用量裝一袋，並不超過 8 分滿。再將空氣排出後依指示密封並寫上日期及容量，放置在冰箱保存。

- 母乳不可儲存於冰箱門上的空間，避免因其溫度不穩定，讓母乳容易變質。

- 食用時，可先移至冷藏或室溫下解凍，再將解凍的母乳倒入奶瓶隔水加熱，或直接以袋子隔溫水加熱。

- 加熱時，可使用母乳加熱器，因有設定溫度的功能，避免高溫破壞母乳的養分。

- 勿用微波爐或直接煮沸法來加熱母乳，避免乳汁的營養成分被破壞。

- 解凍後的母乳應在 1 天內食用完，以免變質，並且不可再次冷凍。

- 集乳瓶每次使用後應清潔消毒，集乳袋不可再次使用，避免細菌滋生。

母奶儲存溫度小指南

存放溫度	剛擠出的母奶	解凍退冰中的母奶	已用溫水解凍的母奶
一般室溫 (25℃以下)	6～8小時	2～4小時	立刻食用
冷藏 (0～4℃)	5～8天	24小時	4小時
冷凍	3個月	退冰過的母奶 不要再放回去冷凍室	退冰過的母奶 不要再放回去冷凍室

3. 母乳哺育：輔助用具吸奶器介紹

由於徒手擠奶耗時較久，且容易造成手指、腕等處的肌肉韌帶等軟組織過度使用而導致發炎疼痛，所以吸奶器 (尤其是電動吸奶器) 的使用越來越普遍，甚至成為很多在職媽媽的必備用品。

但是，如果媽媽乳汁的排出尚未順暢前，乳汁排出的最好方法仍是由寶寶直接吸吮，其次則是徒手擠奶。吸乳器在初期泌乳不順暢時，通常難以發揮其效果。

常見吸乳器的種類有：手動吸乳器、小型電動吸乳器、醫院專用型吸乳器。

如何正確哺餵母乳

選擇吸奶器的要點

1. 體型輕巧，並附有收納袋，可放置主機及相關配件，易於攜帶。

2. 聲音小，可裝電池，方便使用。

3. 多階段吸力及頻率，更能使乳汁排空完全。

4. 接頭的「塑膠」材質須耐受 100℃煮沸且方便清洗。

母乳哺育：輔助用具吸奶器介紹

	操作	吸力調整	外出攜帶	催乳模式	重量	備註
手動擠乳器	手動單邊	偏強	★		最輕	
電動單邊吸乳器	電動單邊	中等	★	★	偏輕	可使用電池
醫療級電動吸乳器	電動雙邊	非常好		★	非常重	不可使用電池、非常省時
攜帶型雙邊電動吸乳器	電動雙邊	中等偏好	★	★	偏輕	可使用電池

● 擠奶器的使用方法

在第一次使用前及每次使用後應先清洗全程消毒，並依使用說明書組裝好配件，再將罩杯扣吸在乳房上。

1. 電動吸奶器：啟動機器，即可自動把媽媽的乳汁吸存到相連的集乳瓶。
2. 手動吸奶器：須靠手動擠壓裝置等操作來吸奶並儲存。

● 以下幾種情況可以使用吸奶器

使用吸奶器最重要的是頻率和力量設定得當，只要媽媽沒有不適的感覺，通常不會造成乳腺或皮膚的損傷。

1. 產婦早期的乳汁不一定足夠，可在哺餵寶寶後，再使用吸奶器，增進母乳的產量。
2. 乳汁足夠，但因無法直接餵養，可用吸奶器吸出，先保存於冰箱，再適時加溫給孩子食用。
3. 乳汁太多，寶寶吃不完，淤積於乳房可用吸奶器將乳汁排出。

吸奶器的清潔與消毒

1. 在第一次使用前及每次使用完畢後，應先用清水沖洗所有接觸過乳汁的器具，再用熱開水川燙，晾乾備用。
2. 收納妥相關的器具，並保持乾燥，避免細菌滋生。
3. 禁止用消毒劑或有消毒成分的洗滌劑。

🍼 配方奶

當新生兒因罹患相關代謝性疾病或母親患嚴重的感染性疾病，導致不能以母乳哺餵，首選可藉由配方奶哺餵替代母乳，其次才選用牛奶、羊奶。

配方奶

大多是由牛乳為基底，再加上嬰兒生長發育所需之營養素等，來替代母乳，所以又稱母乳化奶粉。更有針對特殊體質和疾病的嬰兒調整成分的配方奶。

牛奶

含有比人乳更高的蛋白質，但是以酪蛋白為主，所以會在消化道內形成較大的乳凝塊，寶寶比較不容易消化吸收，所以會適當加入其他的營養素。

羊奶

蛋白質基本與牛乳一樣，但只用純羊奶哺餵，容易引起寶寶貧血等，所以會適當加入其他的營養素。

1. 嬰兒配方奶粉根據適用對象可分兩大類：
   - 以牛乳為基礎之嬰兒配方奶，一般嬰兒均可使用。
   - 特殊配方之嬰兒配方奶：須經由醫師、營養師指示後，才可食用。
2. 特殊配方之嬰兒配方奶其成分特性可分為：
   - 不含乳糖的嬰兒配方奶：適用於對乳糖無法耐受的嬰兒。
   - 部分水解奶粉：適用於較輕度的腹瀉或過敏嬰兒。
   - 完全水解奶粉：適用於嚴重腹瀉、過敏或短腸症候群嬰兒。
   - 元素配方奶粉：適用於慢性腹瀉、過敏或短腸症候群嬰兒。
   - 早產兒配方奶：為適合早產兒使用。

3. 餵食次數：

- 可在第一次哺餵時，準備 30ml 嬰兒配方奶，之後逐漸增加奶量。
- 若可以在連續兩餐均將配方奶喝完，則在下餐可再增加 10ml，依此原則增加奶量。

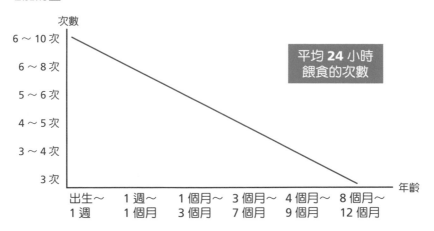

4. 沖泡嬰兒配方奶應注意哪些事項？

- 在沖泡前應先詳細閱讀奶粉罐上說明及注意事項。
- 用肥皂與清水洗淨雙手並擦乾。
- 奶瓶、奶嘴（應視哺餵狀況調整洞口大小）、瓶蓋等沖調器具，都應確認已先煮沸消毒。
- 沖泡的開水應是煮沸過後，置放於有顯示及設定水溫功能的熱水瓶內。
- 沖泡時的水溫應大於 70℃為宜。
- 奶粉與溫水的比例，應依奶粉罐上的使用方式調配。
- 以 70℃以上的溫水沖泡奶粉並搖勻後，待其溫度下降至奶水滴到手腕內側，感覺與體溫差不多即可哺餵，或將奶瓶以搖晃方式在流動的水下加速冷卻。
- 原則上奶瓶傾斜 45 度後，能一滴接一滴的滴出為佳，每分鐘 15 ～ 20 滴最好。

配方奶哺餵

沖泡前先用肥皂洗淨雙手。

1 歲以下的嬰兒，如果必須使用嬰兒配方奶粉，則務必使用 70 ℃的開水 (已煮沸 / 消毒 / 滅菌過) 調配嬰兒配方奶粉，然後放置到適當溫度後（36 ～ 40℃），再予以餵食。

餵奶時間 3 ～ 4 小時一次，奶量視吸吮情況每天可增加 5 ～ 10cc。奶嘴洞應大小適中，傾倒時呈一滴一滴落下。

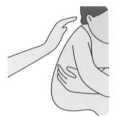

餵奶時，使奶嘴充滿奶水，避免寶寶吸入太多空氣。餵奶後，輕拍寶寶背部使其打嗝。

* 餵奶過程中，可行分段排氣，即餵食一半牛奶時先排氣，再餵食另一半，以免造成嘔吐。

奶嘴洞口太小	嬰兒須用力吸吮，易使嬰兒感到厭煩、疲倦。
奶嘴洞口太大	可能會嗆到。
奶嘴洞口適當	若嬰兒仍顯示吸吮困難則須間斷餵食。或每次餵食超過 20 ～ 30 分鐘，則須請教醫師。

小常識

為何建議以 70℃以上的開水沖泡調配奶粉，因為在先進的英、美、法等國家中的嬰兒奶粉，屢次受到沙門氏菌 / 阪崎腸桿菌污染的事件，造成嬰兒大規模的感染。經證實，70℃以上的開水調配，可大幅減低阪崎腸桿菌及沙門氏菌的感染機率。

5. 餵食後注意事項

- 在每次餵奶前、中、後，幫寶寶拍嗝排氣，避免吐奶。
- 餵食後，勿使寶寶激動或任意搖動。
- 排氣後，若要將寶寶放回床上，應將頭部墊高或將頭側向一邊。
- 仔細觀察特殊體質及疾病寶寶的病情，發現異狀，應即時咨詢醫師。

6. 哺乳器的清潔

- 每天所使用的哺乳器，包括：奶瓶、奶嘴及瓶蓋，應先消毒然後使用，以防止細菌感染。
- 建議嬰兒應備奶瓶七支以上（若 3 ～ 4 小時哺餵一次），以便每天一次予以煮沸消毒。

● 沸水消毒法

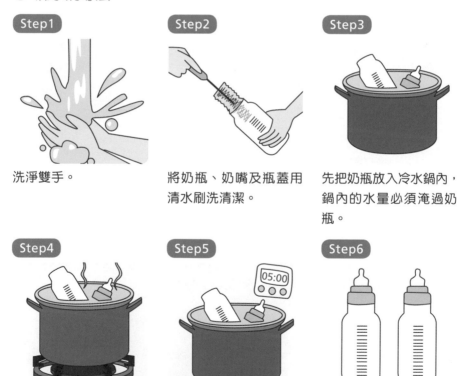

Step1
洗淨雙手。

Step2
將奶瓶、奶嘴及瓶蓋用清水刷洗清潔。

Step3
先把奶瓶放入冷水鍋內，鍋內的水量必須淹過奶瓶。

Step4
煮沸約 10 至 20 分鐘後，把奶嘴奶瓶放入再煮。

Step5
等 5 分鐘後將鍋蓋好並離爐，待沸水自動放涼。

Step6
即可持乾淨筷子或鉗子取出，置放乾淨處備用。

* 應注意預防蒼蠅、蟑螂及其他髒物進入。

哺乳常見問題和病症

寶寶拒絕吸乳的處理方式

1. 媽媽應儘早與寶寶進行肌膚接觸,創造親密關係。
2. 仍應持續排出奶水與適度按摩乳房與乳頭,避免乳汁減少,不利寶寶吸吮。
3. 檢視寶寶拒吸乳的原因並找出對策:
   - 身體不適,如:尿布濕、哺餵的姿勢、環境悶熱。
   - 疾病,如:尿布疹、鵝口瘡、感冒等。
   - 媽媽奶水太少或過多。
   - 使寶寶沮喪的改變等。

乳頭裂傷

一般是因寶寶吸奶方式或哺餵時母嬰姿勢不正確所造成。例如,寶寶沒有含住足夠的乳暈,只有吸吮乳頭最為多見。若含乳的哺餵姿勢不改善,就容易導致乳頭的皮膚受傷而皸裂。

當乳頭周圍有裂傷時,可在每次餵奶後擠出少許母乳塗抹在裂傷的皮膚上,待其自然風乾,可幫助傷口的癒合。

乳頭皸裂的情況若是沒有改善,媽媽在每次哺乳時感到疼痛,會對哺乳產生恐懼,進一步導致乳汁淤積。若在此時,細菌經由乳頭的傷口感染進入乳房組織,則會導致乳腺炎的發生。

● 如何預防乳頭皸裂

正常的哺餵情況下,乳頭的周圍不會有疼痛感。若出現疼痛,雖然乳頭尚未皸裂,但此時就要留意寶寶含乳或哺餵姿勢是否正確。

當乳頭輕微皸裂時不需立即終止哺乳，可在每次餵奶前按摩乳房；哺餵時先從沒皸裂處開始，再餵乳頭皸裂那側。結束後再擠出少許母乳，塗抹在裂傷的皮膚上。

● 中醫觀點

乳頭裂傷的原因，如排除寶寶餵乳時造成之裂傷，一般中醫認為也可能是憂鬱惱怒傷肝，肝鬱化火導致。

以中醫經絡學來說，胃的經絡貫穿整個乳房，而乳頭在中醫經絡學來講屬於肝經循行的部位，如果肝火上炎，哺乳期媽媽則會出現乳頭膿腫，甚至傷口滲黃水，也可能會同時出現口苦、舌苔黃、牙疼、脅肋疼痛、憂鬱等症狀。

一般乳頭皸裂可外用紫雲膏塗擦於皸裂處，促進傷口癒合及減緩疼痛。

● 處理方式

紫雲膏

材料　當歸、紫草各 6 克，麻油 100cc、蜂蠟 10 克

製作方法

1. 將當歸與紫草浸泡麻油內至少 12 小時。注意麻油須完全覆蓋藥材，才能溶出有效成分。

2. 加熱煮沸後轉小火，煮約 20 分鐘至藥材焦黃，以滅菌並溶出藥材的有效成分。過濾藥材，留下藥汁。

3. 加入蜂蠟，趁熱攪拌使其溶解。

4. 以篩目較小的濾網過濾 4 ～ 5 次（每次過濾都要使用乾淨的鍋子），濾至無雜質。

5. 逐一倒入容器內分裝。應避免使用玻璃容器以免高溫破裂。

6. 待紫雲膏凝固後加蓋。

使用方法

將紫雲膏均勻塗於乳頭裂傷處，可加速傷口癒合及減緩疼痛。

四黃膏

材料　黃連、黃芩、黃柏、大黃各 3 克，
　　　麻油 100cc、蜂蠟 10 克
製作方法　均同紫雲膏。
使用方法　如乳房或乳頭紅腫熱痛須暫停哺乳，
　　　　　可使用四黃膏均勻塗抹患處，有效
　　　　　緩解疼痛及發炎。

乳房腫脹

　通常產後 2 ～ 3 天會有脹奶的現象，即乳房會明顯充盈增大，原因為乳房靜脈擴張，造成血液及組織液的增加而腫脹。但是，乳房過度地充血會影響血液和淋巴的回流，若不適時改善，恐造成乳腺管的壓迫及阻塞、乳頭水腫，無法將乳汁排出，導致乳房更腫脹，甚至產生痛感。

● 原因

1. 產後初期，因乳腺分泌乳汁的管道尚未順暢。
2. 乳房組織中血液與組織液的增加。
3. 媽媽的乳頭凹陷嚴重，初乳質地黏稠，導致寶寶吸吮受阻。
4. 妊娠或產後期間壓力及鬱悶等情緒，使乳汁不通暢，聚積形成硬塊。

* 當乳腺管不通暢，乳汁淤積時間太久，容易引起乳腺組織的感染，導致急性乳腺炎（詳述於後）。

● 改善及預防方法

1. 哺餵前先熱敷、按摩乳房。
2. 增加哺餵次數，並在餵完後排（擠）出剩餘奶水。若乳汁太多，可用吸奶器幫助乳汁排空。
3. 乳頭凹陷者，可輕輕牽引乳頭，並且多次執行霍夫曼運動。
4. 規律按摩乳房、多補充水分、保持心情舒暢使乳汁分泌充沛。
5. 多穿著寬鬆衣物，減少乳房壓迫。
6. 若乳房已出現紅、腫、熱、痛的情況，應就醫診治，不要自行按摩。

新手媽媽照顧小孩除了把屎把尿，還需要按時哺乳，常常半夜起床哺餵哄睡，身體勞累加上睡眠不足，容易有情緒上的問題，嚴重導致肝鬱氣滯，乳汁排出不暢。

中醫認為乳頭屬肝經，乳房屬胃經，飲食經過脾胃消化吸收運化成奶水，若是肝經、胃經氣血運行順暢，乳腺自然暢通，就不易造成脹奶的問題。

治療上採用疏肝解鬱、通經下乳的方藥，例如：柴胡、青皮、通草、王不留行。

「情緒導致胃口差、氣血虛弱」時，則會酌加當歸、黃耆、麥門冬來養血補氣滋陰。

「有發炎化膿」時，加上蒲公英、天花粉、白芷來清熱解毒，消癰散結。

除了使用方藥，還可以搭配擠乳棒，以乳頭為中心，上、下、左、右各四個穴道，分別是膺窗、乳根、膻中、中府來加強。刮痧力道以自己不痛為原則，四個方位往中心的乳頭刮，每五下換一個部位。或者也可在穴道上做按壓手法，改善乳房腫脹、暢通乳腺。

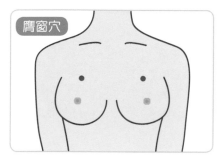

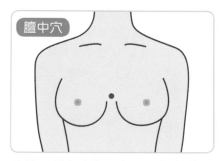

功效：有效緩解乳房腫脹，可治療乳房腫塊、乳腺炎及乳腺增生。
位置：胸部，當第三肋間隙，距前正中線 4 寸。
按摩方法：每穴按摩 5 秒再放開，重複 30 下，一日數次。

功效：具有寬胸理氣、通經絡催乳的作用，可調暢乳房氣血。
位置：胸部正中線平第四肋間隙處，約當兩乳頭之間。
按摩方法：每穴按摩 5 秒再放開，重複 30 下，一日數次。

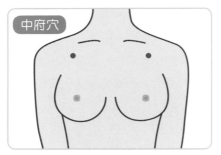

中府穴

功效：通經絡、健脾理氣，刺激乳腺通暢，有豐胸效果。

位置：在胸部，橫平第一肋間隙，鎖骨下窩外側，胸部正中線旁開 6 寸。

按摩方法：每穴按摩 5 秒再放開，重複 30 下，一日數次。

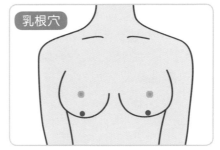

乳根穴

功效：催乳、活血通絡，可治療乳腺炎、乳房腫脹及乳汁減少等症，有雙向調節作用。

位置：胸部，乳頭正下一肋的第五、第六肋骨間隙。

按摩方法：每穴按壓 5 秒再放開，重複 30 下，一日數次。

* 搭配正確的餵奶、擠奶方式、不過度擠奶，也是遠離脹奶的重要原則。

乳腺阻塞

● 原因

當部分乳汁沒有被適時地排（吸）出，乳腺管內被黏稠的奶水堵住而阻塞淤積，使乳房出現硬塊，甚而有局部疼痛的產生。

● 解決方法

初期將奶水排出或增加餵奶，一般多會在 1 天內得到改善。

* ※ 若不及時改善，症狀持續加重，甚至會引起乳腺炎和乳房膿腫。

● 中醫觀點

乳腺阻塞一般認為與中醫的肝鬱氣滯有關，若產後情緒抑鬱，肝失疏泄，氣血鬱滯，令乳汁運行受阻而成乳腺阻塞。

1. 臨床表現：乳房脹硬疼痛，乳汁難出而質濃稠，精神緊張，急躁易怒，時常嘆氣，胃口不佳。

2. 治療：上宜疏肝解鬱、通絡下乳，中藥可選用絲瓜絡、通草、麥芽、漏蘆、王不留行、蒲公英、紫花地丁、路路通、木通等。

若乳汁不出、乳房腫脹硬痛，甚而嚴重化膿乳腺炎或合併紅腫脹痛，可刺激前面乳房腫脹項下之穴位（膺窗、乳根、膻中、中府），及太衝、內關等穴。

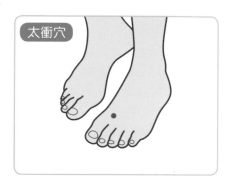

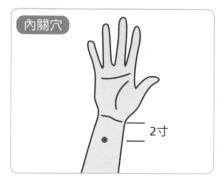

功效：通經活絡，調暢氣機，治療乳腺炎、乳腺增生、乳汁較少等症，有雙向調節作用。
位置：第 1、2 跖骨間隙的後方凹陷處。
按摩方法：按摩穴道 5 秒再放開，重複 30 下，一日數次。

功效：寧心安神，和胃降逆，理氣鎮痛，可治療乳腺炎、乳腺增生，但亦可治療乳汁缺少，有雙向調節作用。
位置：手腕橫紋正中，沿著兩條筋的中間往上 2 寸（約三手指寬）處。
按摩方法：拇指揉按穴上 5 秒後停，力度以微感痠痛為宜，重複 30 下，一日數次。

* 乳房周遭穴位多會刺激乳汁分泌，不但不能退奶，反而會使乳汁增加，須注意取穴位置。

泌乳痛

通常在擠完奶、親餵之後產生，會有陣發性的疼痛並伴隨酥麻觸電的感覺，屬於「神經痛」的類型，晚上製造乳汁的時候亦可能出現。另外，若疼痛是無論何時、觸碰到就痛並伴隨發熱現象，可能為乳腺炎。

● 泌乳痛 & 乳腺炎的差別：

1. 泌乳痛：親餵或擠奶後，陣發性的痠痛、麻電感。
2. 乳腺炎：無時無刻觸碰到就會痛，並伴隨發熱。

何謂哺乳的雷諾氏現象？

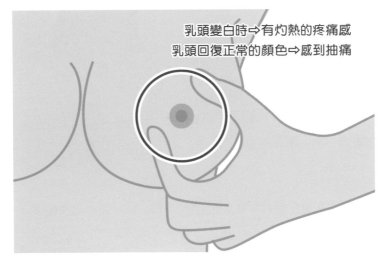

乳頭變白時⇒有灼熱的疼痛感
乳頭回復正常的顏色⇒感到抽痛

原因及症狀：

　　是血管痙攣現象所致，大多發生在哺乳結束後，嬰兒的嘴唇離開乳頭時。可能是溫差太大或含乳不當，造成乳頭周圍出現灼熱、疼痛的感覺。

預防與緩解方法：

　　應注意乳頭的保暖，避免與冷空氣直接接觸。可以先用手指沾橄欖油，再輕柔地將油按摩到乳頭上，並用擰乾的溫毛巾敷在乳頭及乳暈周圍，可以預防或緩解血管痙攣造成的疼痛。

乳腺炎

　　乳腺炎是指乳腺的急性感染，甚至會進展到化膿，常發生在產後 2 ～ 3 週哺餵母乳期間。大部分是單邊的乳房受到細菌感染所致。

● 症狀表現

　　乳房充盈、乳房局部會紅、腫、熱、痛，並伴隨身體發冷、寒顫、高燒等症狀。

● 原因

　　乳汁排出不暢造成淤積堵塞乳腺管，或乳頭皮膚皸裂、破損照護不當，細菌因此入侵導致感染。將近 90％是金黃色葡萄球菌，少部分是大腸桿菌所致。

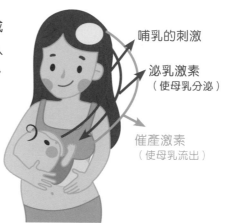

哺乳的刺激

泌乳激素
（使母乳分泌）

催產激素
（使母乳流出）

● 因感染所造成的病菌，來源多為

- 哺乳時嬰兒口腔和鼻腔的分泌物。
- 母親自己與照顧者沒有清潔乾淨的雙手。
- 產婦的貼身衣物、床件組和器具。

● 乳腺炎常見症狀

- 乳房充盈、乳房局部會紅、腫（或腫塊）、熱、痛，並伴隨身體發冷、寒顫、高燒等症狀。
- 若無適當處置會形成乳房膿瘍。

● 乳腺發炎的處理方法

- 原則上要排出淤積的乳汁，健康的另一側仍可繼續哺餵，但是患側乳房是否暫停，目前尚無定論。
- 為避免乳汁淤積惡化，應儘早排空或恢復哺餵患側乳房。
- 如發炎情況嚴重，應立即找專業中西醫師治療。

● 預防方法

- 做好乳頭護理，保持清潔，並注意嬰兒含乳是否正確，避免乳頭皮膚皸裂。
- 經常將乳汁排空，可減少乳房腫脹，預防組織受損。
- 當乳頭皸裂或乳腺管阻塞時，應儘速治療改善。
- 產婦與照顧者應經常洗淨雙手，保持清潔。

● 中醫觀點

飲食調理

- 少喝湯，少吃高蛋白、高熱量食物，盡量清淡飲食，可減少乳汁的分泌。
- 改吃脫脂乳製品，多食用整粒穀物、水果和蔬菜。多攝入富含維生素 A、維生素 E 和維生素 C 的食物，以及具有利尿消腫、清熱排毒的食物。
- 在醫生的指導下，可使用通乳散結的中草藥，如：通草、皂刺、王不留行、蒲公英、麥芽等同煎湯飲，可散結通乳，緩解乳房脹痛。

穴位按摩

參考乳房腫脹及乳腺阻塞章節之穴位按摩即可。

乳腺炎中醫調理食療

如何正確哺餵母乳

通草豬蹄湯

材料　豬蹄中段或尾段 1 塊、通草 10 克
調味料　蔥花、鹽、料理酒各適量
製作方法

1. 豬蹄洗淨，入沸水中川燙以去血水。

2. 鍋中加入適量清水，放入豬蹄、通草與料理酒，先用大火煮開，轉小火煮 2 小時直至豬蹄軟爛，撒入蔥花，加入鹽調味即可。

功效
豬蹄有較強的活血補血作用，通草有利水、通乳汁功能。通草豬蹄湯可讓乳腺通暢，緩解乳汁瘀積導致的乳房脹痛。

蒲公英皂角刺飲

材料　鮮蒲公英、皂角刺
調味　蜂蜜 1 大匙
製作方法

1. 蒲公英擇洗乾淨，皂角刺洗淨，均切成碎末。

2. 把蒲公英末、皂角刺末放入砂鍋中，添入適量水，小火加熱約 30 分鐘，以乾淨紗布過濾取藥汁，盛入容器中，趁溫熱加入蜂蜜拌勻即可飲用。

鯽魚通乳湯

材料　王不留行 9 克、通草 6 克、香附 6 克、
　　　　鯽魚 1 條（約重 250 克）
調味　薑片、料理酒、鹽各適量
製作方法

1. 鯽魚清洗乾淨；通草、王不留行用紗布包好成小藥包。

2. 將鯽魚入油鍋稍煎一下，加入薑片、料理酒、適量清水及藥包，大火煮開後轉小火煮 20 分鐘，撈去藥包，加鹽調味即可。

功效
王不留行有活血通經、下乳消癰的功效；香附可理氣解鬱、調經止痛，用於肝鬱氣滯、月經不調、乳房脹痛。此湯可用來調理產後乳房脹痛。

● 如何順利在回職場後又能繼續哺餵母乳 ●

· 瞭解並爭取職場的哺乳資源，並取得保母、同事、家人的支持與配合。

· 應在回職場前 1 ～ 2 週，模擬上班的作息，規劃與執行擠奶的時間及場所等，並熟悉擠奶器的操作及乳汁的保存。

· 應提前讓寶寶適應上班後的餵奶方式，如：瓶餵、照顧者及地點等。

· 照顧者應瞭解或被教導如何加溫冷凍或冷藏的母乳，用以來哺餵寶寶。

· 媽媽應穿哺乳內衣或避免太緊的內衣，導致乳汁的分泌不暢。

乳頭較短或凹陷

是指乳頭未足夠的突出於乳暈表面，甚至完全凹陷在乳暈表面。若是產後乳頭凹陷的程度嚴重，會使寶寶喝奶時含不住(足)乳頭，增加母乳哺餵的困難。乳頭凹陷程度可分為下列三類：

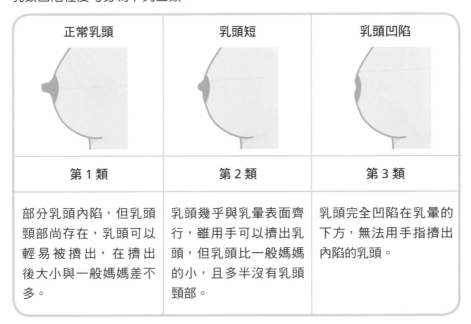

正常乳頭	乳頭短	乳頭凹陷
第 1 類	第 2 類	第 3 類
部分乳頭內陷，但乳頭頸部尚存在，乳頭可以輕易被擠出，在擠出後大小與一般媽媽差不多。	乳頭幾乎與乳暈表面齊行，雖用手可以擠出乳頭，但乳頭比一般媽媽的小，且多半沒有乳頭頸部。	乳頭完全凹陷在乳暈的下方，無法用手指擠出內陷的乳頭。

● 產後媽媽乳頭凹陷怎麼辦？

1. 大部分乳頭凹陷不嚴重的媽媽會在產後這段時間自行改善，無須治療。

2. 媽媽要瞭解寶寶吸吮的是乳房，而不是只吸吮乳頭。

3. 儘早讓寶寶吸吮母親的乳暈及乳頭。

4. 媽媽可以使用不同的抱姿，幫助寶寶更接近乳房，有助於更容易含住乳房。

5. 媽媽可以自行刺激或牽引乳頭，或用手動擠奶器、用空針筒來拉出乳頭。

用左手拇指與四指分開置於乳暈周圍，右手拇指與食指按摩乳暈與乳頭後，並將乳頭向外牽引數次，或使用吸奶器將乳頭吸出（須注意避免壓力過大），或使用 Hoffman's exercise 將乳頭牽引出來。

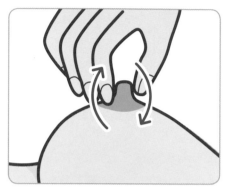
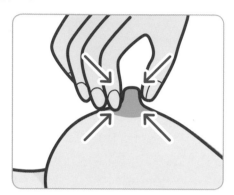

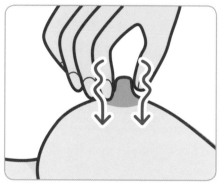

霍夫曼運動（Hoffman's exercise）

以雙手食指分別置於乳頭兩側相對（如上下、左右等乳暈上），同時一面向乳房下壓，一面往外牽引乳頭，環繞著乳頭重複執行此項動作直到完成一圈。此動作在產前即可執行。

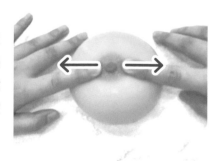

🍼 產後缺乳及退乳

產後乳汁不足的中醫治療，可分為乳汁不足與乳腺不通兩種。

主要在於氣血不足，產後媽媽素來體質虛弱，再因生產過程中耗傷氣血或產後過度操勞，氣血虧虛無以化生乳汁，導致乳汁不足或全無。

1. 臨床表現：乳房柔軟，無脹痛感，乳汁分泌量少而質清稀，面色蒼白，精神疲倦，頭暈目眩。

2. 治療：以補氣養血為主，以八珍湯或十全大補湯加減。

3. 食補：增加乳汁
   - 高蛋白含量的湯水：如牛奶、豆漿、雞湯、魚湯、排骨湯。
     * 魚肉等動物蛋白與豆類的植物蛋白，皆可為產後虛弱的身體補充大量營養，有助於分泌豐富的乳汁。
   - 粥類：提供充足水分，營養較容易吸收。
   - 米酒類：酒釀湯圓、麻油雞酒。米酒活血化瘀通脈，也可增加乳汁分泌。
   - 其他類：木瓜、蔥白、洋蔥、花生、豬腳、豆類、魚類等。
   - 豬蹄花生湯或豬蹄加中藥燉煮：可促進乳汁分泌。
     a. 豬蹄：甘鹹性涼，入胃經，補益氣血，滋補陰液，腎陰虛的腰膝痠軟，津液不足及皮膚乾燥，皆有功效。
     b. 花生：性甘平，富含蛋白質、脂肪、卵磷脂、維他命 A、C、維他命 B1、B2、鈣、鐵等。
   - 若氣血虛弱者，豬蹄可加入當歸、黃耆、枸杞子、黨參等補氣血藥同燉煮（各味藥量 3～5 錢即可）。
   - 青木瓜：木瓜酶對乳腺發育很有助益，有催奶的效果，乳汁缺乏的婦女食用能增加乳汁。

4. 穴道按摩預防乳汁不足（缺乳）
   - 針刺或按摩一些穴位，如：膻中、乳根、內關、少澤、足三里、太衝等，以強化補氣血及通乳的作用。
   - 產後缺乳宜及早治療，最佳時機為產後半個月以內。

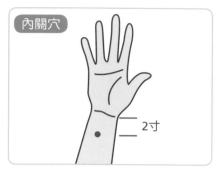

功效：寧心安神，和胃降逆，理氣
鎮痛。可治療乳腺炎、乳腺增生，
但亦可治療乳汁缺少，有雙向調節
作用。

位置：手腕橫紋正中，沿著兩條筋
的中間往上 2 寸（約三手指寬）處。

按摩方法：按摩穴位 5 秒後再放開，
重複 30 下，一日數次。

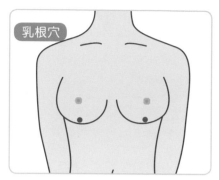

功效：催乳，活血通絡，可治療乳
腺炎、乳房腫脹及乳汁減少等症，
有雙向調節作用。

位置：胸部，乳頭正下一肋的第五、
第六肋骨間隙。

按摩方法：每穴按壓 5 秒再放開，
重複 30 下，一日數次。

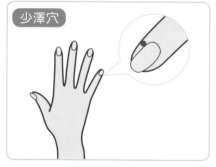

功效：少澤為通乳汁效穴，本穴具
有調經理氣，通血脈及催乳效果，
可促進乳汁增生，對乳腺炎亦有通
乳散結的效用，有雙向調節作用。

位置：小指末節尺側（小指外側），
距指甲角 1 分處。

按摩方法：每穴按壓 5 秒再放開，
重複 30 下，一日數次。

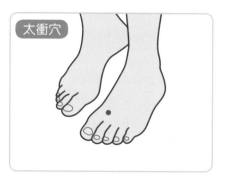

功效：通經活絡，調暢氣機，治療
乳腺炎、乳腺增生、乳汁缺少等症，
有雙向調節作用。

位置：第 1、2 距骨間隙的後方凹陷
處。

按摩方法：按摩穴道 5 秒再放開，
重複 30 下，一日數次。

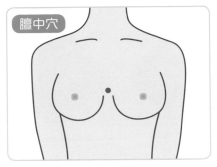
膻中穴

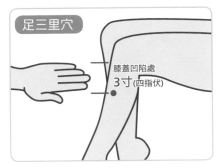
足三里穴

膝蓋凹陷處
3寸(四指伏)

功效：具有寬胸理氣、通經絡催乳的作用，可治療乳腺炎、乳腺增生，也可治療乳汁減少等症，有雙向調節作用。

位置：胸部正中線平第四肋間隙處，約當兩乳頭之間。

按摩方法：每穴按摩 5 秒再放開，重複 30 下，一日數次。

功效：可健脾和胃，補中益氣，增強免疫力，為中醫著名的強壯要穴。可治氣血虛弱造成的乳汁缺乏，可增加乳汁生成。

位置：膝下 3 寸（四指合併的寬度）。

按摩方法：按摩穴道 5 秒再放開，重複 30 下，一日數次。

產後缺乳適用茶飲

黃耆通乳茶

材料　　黃耆 3 錢、大棗 4 錢、通草 0.5 錢

做法　　1000CC 的水煮沸後加入上述藥材，同煮 15 ～ 20 分鐘後去渣溫服。

功效　　黃耆補氣；大棗補血；通草具有通乳的效果，可疏通乳腺，增加乳汁生成。

5. 常見通乳藥材

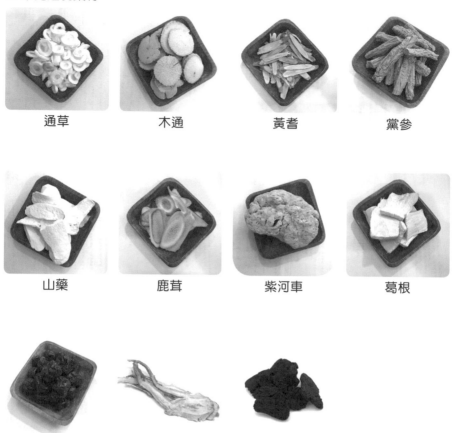

通草　　　木通　　　黃耆　　　黨參

山藥　　　鹿茸　　　紫河車　　　葛根

紅棗　　　當歸　　　熟地

小常識

避開退乳的飲食禁區

目前公認退奶效果最明顯的食物為麥芽（相關製品都要避開），其次為韭菜。其他食物多為坊間口耳相傳，因人而異，不一定會造成退奶，如果擔心，就盡量避免吃以下幾類食物：花椰菜、花椒、麥茶、豆豉、高麗參、咖啡、西瓜、鳳梨、芭樂、薄荷等。

產後退乳

● 中醫退乳食療

- 麥芽山楂湯：將炒麥芽及山楂各取約 100 克，加上紅糖水煮用熬汁，再分次飲用。

人蔘鬚

- 人蔘鬚或高麗蔘泡茶飲用。

- 韭菜汁：將韭菜打碎，取其汁，可加入檸檬或少許蜂蜜調味，生飲即可。

- 炒韭菜：適合不喜歡生吃韭菜的媽媽，煎炒後略為調味即可食用。

韭菜

- 其他可退奶的食物有：海帶、昆布、海藻、咖啡、人蔘、山楂。

● 退乳穴位按摩法

一般較有效之退奶穴位有光明穴、足臨泣穴。

人蔘

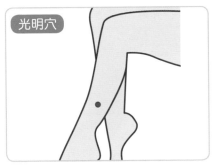

光明穴

功效：可清肝明目，通經活絡，為中醫足少陽膽經的絡穴，可治療乳房脹痛、乳腺增生，有退乳的功效。

位置：位於小腿外側，當外踝尖上 5 寸，腓骨前緣。

按摩方法：按揉穴位 5 秒後放開，重複 30 下，一日數次。

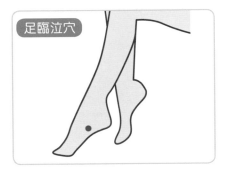

足臨泣穴

功效：通經活絡，疏肝利膽，祛風瀉火，對乳腺炎、乳腺增生及退乳有不錯的效果。

位置：在足背外側，當足 4 趾本節（第 4 跖趾關節）的後方，小趾伸肌腱的外側凹陷處。

按摩方法：按揉穴位 5 秒後放開，重複 30 下，一日數次。

小提醒

退乳注意事項

1. 飲食宜清淡，避開發奶食物。少吃高蛋白、高熱量及烤炸辣刺激性食物。
2. 若單喝麥芽茶效果不好，須配合其他中藥處理。
3. 逐漸減少餵奶次數，量少到一定程度，乳房無脹痛硬塊，即可考慮停止餵奶。
4. 穿寬鬆內衣，乳脹不適時可冰敷。
5. 乳房有紅腫熱痛或硬塊時，要及早就醫由醫師診斷處理，預防乳腺炎發生。
6. 如有需要可尋求專業中醫師治療。

小常識

麥芽少量催乳、大量退乳

1. 少數媽媽們喝麥茶效果不佳，甚至乳汁還變多。其實麥芽有雙向調節作用，小劑量使用可消食開胃，幫助消化吸收，增加氣血生成，促進乳汁分泌；大劑量或長期使用會耗氣散血，而達到退奶或斷奶的目的。
2. 俗話說：「小麥養心、蕎麥降壓、大麥退奶、燕麥淨腸、小米美白、黑米益壽、稻米益氣、高粱健胃、黑豆烏髮。」一般中藥用來退奶的麥芽是指大麥，千萬不要與小麥混淆囉！至於很多媽媽用來發奶的黑麥汁，大多由黑麥芽（又稱裸麥）發酵而成，成分與中藥退奶的麥芽並不相同。

退乳麥芽茶

材料　　減少乳汁—炒麥芽 2 兩、水 1000 ～ 1200ml
　　　　斷奶—炒麥芽 4 兩、水 2000 ～ 2400ml

製作方法

1. 材料稍作沖洗後，放入砂鍋或不銹鋼鍋中。

2. 冷水浸泡半小時，大火煮沸。

3. 之後轉小火再煮 20 ～ 30 分鐘，去渣。

4. 當茶飲頻服，或早、中、晚溫服。

服用天數

7 ～ 14 天為一個療程，依據個人情況，至完全退乳為止。

小提醒

坊間媽媽們分享:打退奶針或吃退奶藥,會讓胸部變得比之前更小。這跟打無痛分娩會不會腰痠一樣,沒有研究證實,不會有正確的解答,且每個人體質不相同,也不能相提並論。但還是建議媽媽們用天然溫和的方式漸進退奶,比較不會有副作用發生,並且還有二次發育的機會!

● 西藥退乳

1. 依醫囑給予口服 bromocriptine（Parlodel®),此為一種泌乳激素抑制劑,可以幫助抑制乳汁的製造及分泌,須早晚各服 2.5mg,一共服用 2 週。

2. 其副作用有低血壓、頭痛、噁心等。服用此藥物時須注意產婦的血壓,衛教媽媽可在餐與餐之間服用,以減少噁心的發生。

3. 高劑量雌激素:有抑制泌乳激素分泌,可達到退奶的功效,通常在分娩後 24 小時內給予比較有效。

4. 口服避孕藥:可用於退奶,但可能會產生栓塞的副作用。

乳腺疏通技巧

乳腺疏通

　　主要是藉由按摩乳房的手法，促使分泌乳汁的「管」及「腺」更加順暢或得到疏通，也可稱為乳房按摩。其功能是提升乳腺管的通暢，增加乳汁分泌量，促進奶水排出，同時可預防或改善乳腺管阻塞、乳汁淤積在腺管內造成乳房腫脹或乳腺炎。另外，按摩也會使得乳頭和乳暈的肌膚更加健康，並有助於寶寶吸吮。目前針對乳腺疏通的方法，除了傳統的徒手按摩外，更有超音波、物理治療、穴道按壓法等選擇。

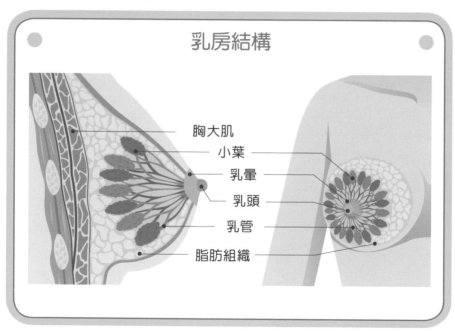

乳房結構

胸大肌
小葉
乳暈
乳頭
乳管
脂肪組織

● 乳腺疏通的步驟

1. 乳房的清潔：

   - 操作者應先洗淨雙手。

   - 以螺旋狀的方式，先從乳頭的部分開始，環形擦洗到整個乳房。

   - 再以乾淨的濕毛巾擦乾淨。

2. 按摩前應先熱敷：

   - 可用溫毛巾覆蓋整個乳房，或使用乳房熱敷袋，記得露出乳頭部分。

   - 熱敷的溫度因人而異，一般約為 45 ～ 55℃，熱敷時間約 10 ～ 15 分鐘。

   - 隨時注意乳房周圍皮膚反應，避免燙傷。

3. 通常以順時針為按摩方向，手法多使用揉、擠、提等。

4. 矯正乳頭凹陷

   - 可執行乳頭牽引、霍夫曼運動 (Hoffman's exercise)。

5. 善用吸奶器幫助排空乳汁。

● 產婦催乳按摩

建議產婦應在產後 24 小時內與產後第 3 天各執行一次。此法可有效提升乳腺管的通暢，增加乳汁分泌量，促進奶水的排出，同時預防乳房腫脹及乳腺炎等疾病 (與乳腺疏通同)。

● 產婦催乳按摩步驟

1. 先洗淨雙手，用肥皂水從乳頭外以螺旋狀環形擦洗至乳房基底部 (約鎖骨下緣處)，須注意乳頭應避免用肥皂清洗，以免破壞其皮膚外層的保護性油脂。以溫水將肥皂泡沫沖洗乾淨後，再用溫熱毛巾熱敷整個乳房。

2. 雙手掌分別置於乳房外側，稍用力向胸中央推壓乳房按摩。接著雙手合掌，
   右手掌背面靠貼於左乳房外側，雙手合掌用力往胸中央推壓乳房按摩，再以
   相同方式按摩另一側。

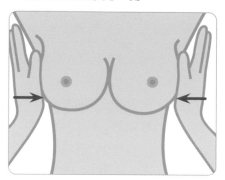 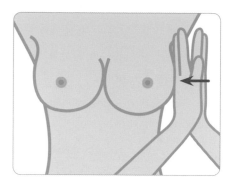

3. 雙手手指併攏、掌面向上分別托住乳房的斜下方，從乳房根部震動整個乳
   房，再將雙手從乳房斜上方向內側推壓按摩。

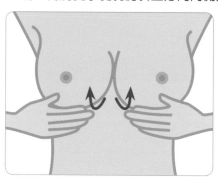 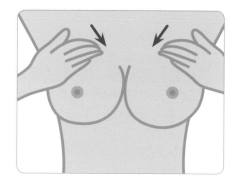

4. 用雙手，從乳房下緣向上推壓乳房乳頭按摩（產前即可進行）。

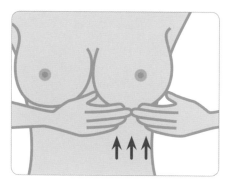

5. 左手掌面托住左側乳房下緣，以右手食指及中指併攏，從鎖骨下緣的乳房基部向乳頭方向按摩。

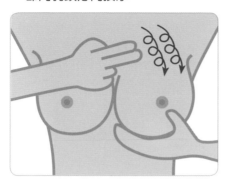

6. 用拇指和食指揉捏乳頭，以增加排乳反射及乳頭肌膚的韌性。

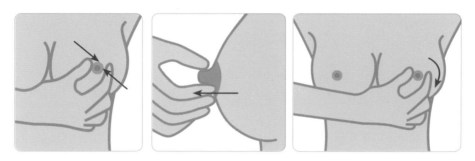

7. 按摩時兩手拇、食指自乳房根部向乳頭方向按摩，每日 2 次，每次 20 下。

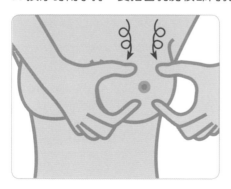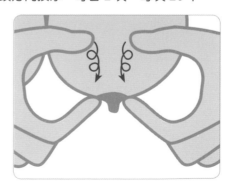

● 乳腺暢通乳房按摩手法

乳房震動擠壓法

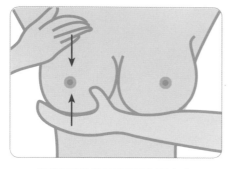

整個手掌從底部朝乳頭方向
輕輕拍打乳房

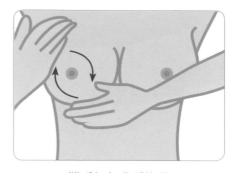

雙手托起乳房搖晃

乳房環按法

用 2 到 3 指從外向乳頭方向按摩乳房

乳暈按摩

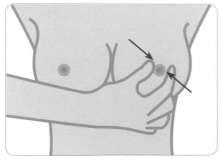

將拇指和食指放在乳暈周圍輕輕擠奶

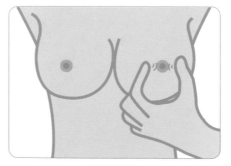

乳暈按摩

乳暈按摩

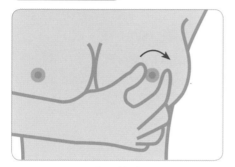

乳頭按摩

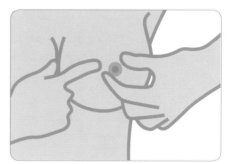

乳頭開口按摩

乳頭開口按摩法

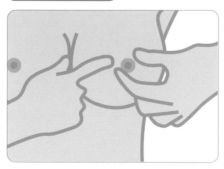

乳頭開口按摩

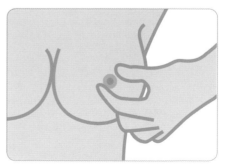

拇指和食指變換位置
徹底排空乳房

乳房熱敷、冷敷的時機

1. 脹奶塞奶不舒服的時候→冷敷
   - 乳房阻塞成石頭奶，或已形成腫塊
   - 奶水異常多，來得又快
   - 用水袋、高麗菜葉、濕毛巾涼敷
   - 冷敷過程，仍要慢慢擠出奶水
   - 冷敷不會退奶
     * 定時把乳汁移出乳房才是根本解決脹奶之道

2. 剛開始催奶追奶的時候→熱敷
   - 生產後，乳房柔軟，尚未脹奶時
   - 乳腺有通，但奶量不多，可協助乳汁順暢，增加母乳流量
   - 應注意溫度，可反覆熱敷 1～3 次，每次以 15 分鐘為限
     * 用蓮蓬頭或盆裝 40℃ 左右溫水，按摩、熱敷乳房後，再進行擠奶或餵奶

CHAPTER

4

產後媽媽的生理變化

何謂坐月子？

多數人覺得「坐月子」是安靜休養一個月就可以，但這觀念其實不太正確。懷孕期間母體除了提供胎兒成長發育所需的養分外，媽媽身體也在懷孕過程中產生許多變化，例如：心臟耗氧量增加，心跳增加 10～15 次/min，肺通氣量增加 10%，再加上生產過程中須耗損很多體力與精力，在「產褥期」透過一定的調養與休息，可使其恢復正常。

就醫學角度而論，所謂的「產褥期」就是「坐月子期間」，指的是胎盤娩出後，母體各臟器所需修復的時間，一般需 6～8 週也就是 42～56 天。母體修復時間會因媽媽身體修復能力而有所增減。

小常識

什麼是「產褥期（postpartum period or puerperium）」？

是指胎盤產出後到生殖器官恢復至產前的狀態；而產後婦女生殖系統恢復的過程，稱為「復舊（involution）」，子宮韌帶也隨之恢復其彈性。

「復舊（involution）」過程，在產後 3～4 天內最為快速，此過程約持續 6 週左右，一般分成兩類論述：

1. 逆行性變化（retrogeressive change），如：子宮及生殖道的復舊等

2. 進行性變化（progressive change），如：乳汁的分泌、月經週期的恢復。（盧碧瑛等，2014）

子宮

● 子宮復舊過程

是指胎兒與胎盤產出後，子宮藉由逆行性的變化，慢慢恢復到未懷孕狀態的過程，稱之為「子宮復舊」。但子宮不會完全恢復到未懷孕的狀態。

產後媽媽可藉由評估子宮的大小，收縮的情況及惡露的顏色、性質、血量，來判斷子宮復舊的狀況。

一般來說，子宮復舊約 4 週左右，但整個胎盤剝離的部位癒合時間較長，約 6 週內完成。

◈ 影響子宮復舊的原因，有下列幾點：

生產過程的狀況	生產過程是否延長；產下巨嬰或多胞胎；子宮內有無感染；產婦是否有早期下床活動，上述情況可能影響子宮的復舊。
是否確實執行「子宮按摩」	媽媽生產後確實的執行「子宮按摩」可促進子宮收縮，預防產後子宮收縮不良所導致的出血情況。 * 章節後會教導子宮按摩手法
母乳哺餵	產後建議媽媽儘早哺餵母乳，因哺乳時會分泌催產素（oxytocin）促進子宮收縮，可幫助子宮的復舊。
避免膀胱脹滿情形	胎兒娩出後，造成子宮韌帶彈性減低，無法有效固定子宮位置，當膀胱脹滿時會推擠子宮，造成子宮偏向右側或宮底偏高，影響其復舊的能力。另外，排尿或排便困難，脹大的膀胱或直腸，也會阻止子宮下降至骨盆腔。
產後藥膳	在醫院時醫生會開促進子宮收縮的藥物，不建議同時搭配生化湯，以免造成子宮過度收縮。產後 1 週內，不宜服人蔘、麻油藥膳，禁用酒精跟辛辣調味，以免影響傷口及子宮收縮。若產後須服用中藥製品，請於中醫師診視後方可服用。
其他	1.胎盤剝離不全的碎片或卵膜殘留在子宮腔內時，會造成持續性出血。另外，子宮脫膜若脫落不完全也會引起晚期產後出血。 2.傷口照護不佳，造成子宮或骨盆腔感染，也會引起長期出血。 3.嚴重的子宮後屈，會使惡露排出較困難。 4.產婦高齡、體質虛弱、多產或多胞胎的產婦。

剖腹產媽媽飲食

- 須等腸子恢復蠕動後才可進食。即排氣以後，採漸進式飲食。
- 若無腹脹、嘔吐→進食軟飯、稀飯、麵條及青菜約 1、2 天。
- 待排便正常可食一般飲食。
- 避免脹氣、油膩、刺激性食物。
- 1 週後多攝取高蛋白、維生素和礦物質，以幫助組織修復。

產後痛

產後子宮肌肉張力鬆弛，導致子宮斷斷續續的收縮、放鬆，引起間歇性痙攣性疼痛，約持續 2 ～ 3 天，使產婦感到不適。

- 初產婦子宮收縮型態為持續性，所以疼痛較輕微；而經產婦子宮平滑肌張力較為鬆弛，子宮收縮的疼痛較強。
- 產後疼痛明顯的因素：
  a. 哺乳反射所造成的子宮收縮。
  b. 子宮內尚有未排淨的胎盤及血塊。
  c. 服用促進子宮收縮藥物。
  d. 子宮平滑肌因多胎妊娠、羊水過多等因素被過度伸展。
- 可以先施行呼吸法和放鬆技巧、俯臥並用枕頭施予腹部壓力、束腹帶、鼓勵適度活動，若無改善再減少子宮收縮藥劑量，或給予止痛藥物以緩解產後痛。

產後惡露

分娩後子宮內殘留的血液、黏液、淋巴組織、陰道上皮細胞等混合而成的黏稠分泌物，經陰道一起排出的物體，稱之為「惡露」。

一般來說，自然產的惡露需要約 2 ～ 4 週的時間排出。子宮癒合情形可藉由惡露的顏色、量來評估。哺餵母乳可刺激子宮快速收縮，幫助惡露排出。

* 於 P176「惡露」詳述

有下列情況發生時，須立即就醫檢查：

- 鮮紅色的大量出血。
- 惡露中含有大量的血塊。
- 惡露有異味。
- 惡露期時間過長或併有發燒、腹痛時。
- 產後 2 週內未排出惡露。
- 惡露顏色從黃褐色或白色，轉而出現紅色。

賀爾蒙的變化

懷孕及產後初期，雌激素（estrogen）刺激乳腺管，黃體激素（pro-gesterone）刺激乳葉和乳泡的發育，產後明顯減少，降低對泌乳激素（prolactin）的抑制作用，促使腦下垂體前葉釋放泌乳激素（prolactin），刺激乳腺上皮細胞生長。

產後月經週期

哺餵母乳會刺激泌乳激素（prolactin）的分泌，血液中的高泌乳素值會抑制排卵，故在產褥期會有「相對性的不孕」。（麥麗敏等，2007）

- 未哺餵母乳者：產後開始排卵大概在第 20 ～ 40 天，因此產後第一次月經來潮約第 40 ～ 60 天，通常第一次的月經是不排卵。
- 哺餵母乳者：第一次月經會在產後 6 ～ 7 個月左右來潮。

乳腺

產後因泌乳激素（prolactin）的作用（正常值為 <25ng/ml），乳房在產後 2 ～ 4 天開始充血，乳汁也開始分泌。

嬰兒吸吮乳頭時，身體會分泌催產素（oxytocin）；催產素（oxytocin）作用於乳頭，會使平滑肌纖維收縮，儲存在乳腺泡內的乳汁受到擠壓，經由輸乳管產生排乳，此過程稱為「噴乳反射」。

● 系統性變化

心臟血管系統

- 產後血液流失，會促使組織間液回流至血管內，多餘的水分會透過利尿作用排出體外。
- 產後胎盤循環消失，周邊組織間液回到血管內，體循環中的液體增加，導致心輸出量增高。
- 增加的血量可透過利尿作用（約持續 3 週）、快速的新成代謝，將水分經由尿、排汗及其他方式排出，使得心輸出量下降，約 15～20 天後會恢復孕前狀態。

泌尿系統

- 產程時間延滯，分娩胎兒時產生的壓迫，造成膀胱敏感性降低，降低排尿反射，導致膀胱無法排尿，且尿液儲留易造成感染。
- 自然生產後 4～6 小時應解小便，每日尿量會達到 3000cc，需要時可進行誘尿及導尿。

消化系統

- 便祕為產婦常見的問題，原因是懷孕導致腸蠕動減緩，所以應多攝取富含纖維質的飲食。
- 會陰傷口的疼痛，讓產婦常不敢解便而導致便祕的情形。若持續 2～3 天仍未解便，可透過軟便劑或灌腸緩解症狀。

產後媽媽的評估與照護

生命徵象

1. 體溫：腋溫 36 ～ 38℃。產後媽媽出現「寒顫」現象時不須驚慌，此現象約持續 15 分鐘，照護過程中注意保暖即可。若媽媽有兩天體溫高於 38 度以上，須留意是否有產後感染的狀況。

2. 脈搏：正常產後 1 週左右，媽媽的心跳為 50 ～ 90 次 / 分鐘左右，若持續出現心跳每分鐘 100 次以上，須評估媽媽是否有產後出血現象或感染等情況。

乳房

母乳哺餵期間，評估乳房時須注意外觀、形狀、顏色、是否充盈與流出情況。評估乳頭時須注意外觀有無凹陷、完整性、有無發紅及分泌物等狀況。

產後 1 ～ 2 天乳房尚未充盈，開始分泌初乳、觸診時柔軟，產後藉由寶寶不斷吸吮、乳汁分泌量變多，外觀形態由柔軟漸漸變堅硬。

1. 評估是否「乳頭凹陷」
母乳哺餵時若媽媽的乳頭凹陷、短小且延展性差，會增加寶寶吸吮的難度，須指導媽媽「如何牽引乳頭」及「有效哺乳姿勢」的方法，以改善狀況。

2. 評估「乳房充盈」情況
在了解媽媽產後哺餵母乳狀況後，教導媽媽依寶寶需求哺餵母乳，並指導媽媽如何排空乳汁，避免乳房過度充盈時所導致的疼痛。

3. 當媽媽出現乳房兩邊觸診溫度不同、腫脹、壓痛且伴隨乳頭裂傷等狀況，須注意是否發生乳腺炎。

產後媽媽的生理變化

小提醒

若想乳汁的分泌與排出量變多且順利，須定期評估乳汁分泌狀況，且善加運用擠奶技巧與擠乳器的搭配。

產後乳房下垂的原因

哺乳、減肥和生理性衰老，是乳房下垂常見原因。

哺乳所造成的乳房下垂，主要是長時間牽拉乳房胸大肌和韌帶，使其無法有效支撐與固定乳房；且媽媽哺乳後，激素下降會使乳房腺體萎縮。

哺乳過程中體內所分泌的催產素，可增加乳房懸韌帶彈性，降低皮下脂肪蓄積，促進體內的新陳代謝。媽媽哺乳期間姿勢正確且適時執行產後乳房運動，能盡快恢復產前身材，並減少哺乳結束後所導致的乳房下垂。

預防產後乳房下垂的措施，可從下列幾點做起：

1. 避免在哺餵母乳時過度牽拉乳房，寶寶的腹部必須緊貼媽媽的身體。

2. 建議每天用溫水清潔按摩乳房，可促進乳汁分泌，增加乳房懸韌帶的韌性，防止乳房下垂。

3. 哺餵母乳後可再輕柔按摩乳房，約 10 分鐘刺激乳房組織的血液灌流，提升乳房支持韌帶的彈性。

4. 因乳房充盈而沉重感明顯時，可以搭配有支托性功能的胸罩。

5. 執行乳房運動，強化胸部周圍的肌群，提高支撐乳房的功能。

子宮

● **子宮的變化**

在寶寶及胎盤娩出後，子宮會再持續收縮到如胎兒頭部的大小，形狀會像前後略扁的球狀，宮底的位置約在臍平或稍高處。此時子宮周圍韌帶呈鬆弛狀態，很容易移位。

產後 24 小時內，當膀胱充滿時，常將子宮向上且向右推移。在月子期間，子宮體積會因為子宮肌纖維的收縮快速變小。大約在產後 10 天，子宮就會下降至骨盆腔底；產後 6 週，子宮恢復到產前的大小。

● **評估子宮復舊情形與感染徵兆**

產後子宮恢復良好的狀態下，應是緊實且位於下腹部中央。若子宮呈現柔軟、且按壓不易摸到時，則可評估為「子宮收縮不良」。建議先請產婦執行子宮底環形按摩，並定期排出尿液。若改善不明顯，可再依醫囑使用藥物促進子宮的收縮。

🔔 小提醒

當子宮產生壓痛感，代表子宮有感染的可能，此時應再評估有無其他感染的徵象。

評估方法

先請產婦排出尿液再保持平躺姿勢。評估者用一手固定於恥骨聯合處並加以支托；另一手輕按腹部並加以按摩，同時尋找如球狀物體，即是子宮。

● **子宮按摩手法**

1. 評估子宮位置
   評估媽媽子宮位置時，若發現子宮位置偏右且子宮宮底過高，多數是因為膀胱脹滿所導致。

2. 認識子宮收縮
   當胎兒及胎盤娩出後，子宮就開始收縮，但是會呈收縮與舒張陣發性地交替。

子宮按摩可以刺激子宮收縮，藉此幫助子宮復原及排出惡露，同時預防宮縮不良所致的出血。

可在肚臍周圍找如球狀的物體，即為子宮底的位置。

產後的數天內，宮底的高度會持續地改變。分娩後的數分鐘內，會在恥骨聯合與肚臍的連線上，摸到如球狀的子宮底。

在產後 1 小時，上升至肚臍的高度，並維持大約 24 小時。此後，大約會以每天 1 指幅 (F)(1 公分) 的速度下降。大約 10 天後，子宮會下降到骨盆腔內，難以觸摸得到。

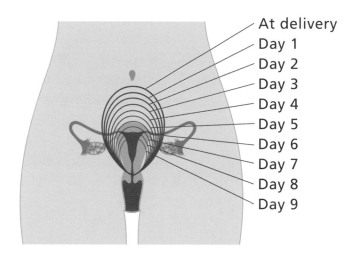

3. 如何正確按摩子宮

自然產分娩後就可以開始施行，在 24 小時內可隨時做按摩，預防收縮不良導致的大出血。剖腹產因傷口疼痛故於第 3 天再開始。

建議之後每天早、晚至少執行一次。可視子宮的軟、硬程度，來評估收縮良好與否，藉此調整按摩的次數及時間。若收縮良好的子宮底呈緊實堅硬狀，硬度如網球一樣。

4. 子宮環形按摩法

目的 促進子宮收縮及復原，可預防宮縮不良造成的大出血；若子宮呈現柔軟、不緊實堅硬時，應執行子宮環形按摩。

步驟 應先排空膀胱尿液，以平躺的姿勢放鬆腹部張力，方便執行子宮按摩。

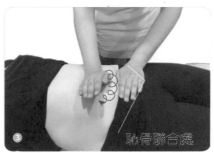

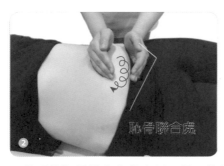

一隻手放恥骨聯合上做支托，另一隻手小魚際或手掌部位，在子宮底做輕柔的環狀按摩。從柔軟的狀態下按摩至網球般硬度則停止，如變軟再重複按摩。

剖腹產須用一手輕壓住傷口，避免拉扯，另一隻手進行環狀按摩。

* 注意事項：若產後 10 天仍摸得到子宮及惡露仍呈紅色，則須返診。

5. 子宮高度變化

分娩後數分鐘，子宮底位置會在肚臍附近。24 小時後子宮底會上升到肚臍或稍上的高度，此後子宮就會以每天 1 橫指幅度下降。自然產後約 10 天，子宮會下降到骨盆腔而導致無法觸摸。

惡露

可由惡露顏色及量來評估子宮內胎盤附著的位置癒合情形。自然產的惡露主要靠子宮收縮排出，須約 1 週至 1 個月的時間；剖腹產因生產過程已清除部分，因此惡露排出時間較短。

哺餵母乳及按摩子宮可以促進子宮收縮，幫助惡露排出速度。惡露通常會持續約 2 ～ 3 週，若超過 3 週以上，則應評估是否出現異常情形。若惡露量多至「在 30 分鐘內即浸溼 2 片衛生墊」，應注意「產後大出血的危險」，須立即就醫。

惡露量評估指引

時間	名稱	顏色及外觀
產後～ 3 天	紅惡露	為紅色或暗紅色，與稍多的月經量差不多，有時會帶有血塊。
產後 3 ～ 10 天	漿液性惡露	顏色變成淡紅色，血量比前 4 天少一點，並混合有陰道分泌物，腥味較重。
產後 10 天～ 3 週	白惡露	顏色轉成淡黃色或白色，有點像比平日量再多一點的白帶。

* 子宮腔內受到感染：血性惡露持續 2 週以上、量多或膿性、有臭味。

傷口照護

自然生產的會陰傷口護理

會陰側切術（會陰部不規則的撕裂傷）是多數自然產程會執行的手術，醫生會在陰道口的左下方剪開製造 3～4 公分的傷口，待分娩出胎兒及胎盤後，再把傷口逐層縫合。由於傷口處在尿道口、陰道口與肛門的交會，所以傷口的照顧上要特別小心。傷口的疼痛大部分會在 1 週過後消失。

* 會陰部側切術，可避免會陰部不規則撕裂傷。

1. 會陰側切傷口評估方法

用側臥的姿勢，檢查者再將上方的臀部肌肉往上撥高，令會陰及肛門明顯的露出，檢查局部紅腫瘀血程度、分泌物情況及傷口密合度。如果出現嚴重發紅腫脹、瘀斑及分泌物，則是感染的徵兆。

會陰傷口評估有下列狀況

血腫	易在產後 2 小時內出現，常見於會陰側切術的產婦。
感染	1. 易在產後第 2～3 天出現，傷口周圍呈現紅、腫、熱、痛的症狀，按壓疼痛更劇烈或有膿性分泌物。 2. 須就醫診治。
裂開	趕快就醫治療。

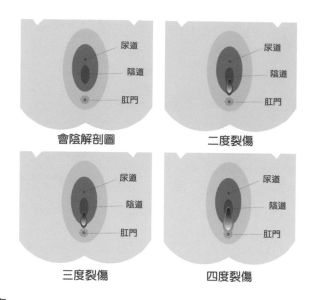

會陰解剖圖	二度裂傷
三度裂傷	四度裂傷

2. 照護措施

會陰傷口護理得宜，則傷口癒合快速且平整。傷口縫合後通常約 4 天可拆線，若使用的是腸線，則可被身體吸收不必拆線，時間約 1 個月。

 小提醒

採取正確的臥姿。如左側切，應採取右側臥或仰臥，以避免傷口壓迫造成疼痛或感染的風險。

· 會陰沖洗：

每次如廁後，須用溫開水裝入沖洗器，由會陰部往肛門沖洗，並保持傷口乾燥清潔。

· 如何減輕會陰傷口疼痛：

產後會陰傷口正常都會有腫脹、疼痛的症狀。在 24 小時內，可用冰敷來緩解，時間約 15 ～ 20 分鐘，每次至少間隔 20 分鐘。

在 24 小時後，仍有紅腫、疼痛的症狀，則可使用溫水坐浴的方法來減輕症狀，每次 20 分鐘，每天可施行 2 ～ 4 次。

· 照護方法：

1. 保持會陰部的清潔與乾燥，且勤換衛生墊。

2. 如廁後，用溫開水沖洗會陰部。

3. 沖洗及擦拭時，方向均應由前向後，避免傷口被污染。

4. 溫水坐浴是最好的方式，每天 2 次。

5. 建議在產後 2 個月後再開始性生活。

6. 疼痛難忍時，可視情況依醫囑使用止痛藥物。

7. 若行走或坐立時感到難以忍受的疼痛，並且持續出現 1 週以上時，最好到醫院就診。

剖腹生產的傷口護理

在產程中，醫生會在下腹部切出一條約 7 ～ 10 公分長的切口，打開腹腔後再切開子宮，在子宮內取出胎兒與胎盤後，再逐層地縫合回去。臨床上，剖腹產後照護不佳較易出現併發症，如：尿滯留、子宮出血；嚴重者有羊水、肺栓塞，還可能導致猝死。

剖腹產傷口在還沒完全癒合前，必須保持傷口縫合處的清潔及乾燥，大約 3 週左右會結痂，但結痂部位會有癢痛、刺痛等感覺，須留意搔抓再造成傷口。

剖腹產媽媽傷口應注意下列幾點

1. 採用側臥微屈軀體的體位休息，降低牽拉腹壁張力所帶來的疼痛，同時可避免拉開傷口。

2. 打噴嚏、咳嗽或嘔吐等大動作時，用手壓住傷口兩側，且使用束腹帶，預防腹部傷口裂開或拉傷。

3. 在麻醉消退後宜適度活動四肢，可增加血液回流。儘早下床活動可避免血栓、肺栓塞等併發症預防。

4. 攝取優質蛋白質以及富含維生素C、E食物，如新鮮魚肉、瘦肉、雞蛋、蔬果、堅果等，促進血液循環，提升皮膚的代謝功能，促進傷口癒合。

5. 抗疤痕產品的使用，至少持續 6 個月，使疤痕組織平整，減少疤痕組織的產生。

6. 傷口周圍若有紅、腫、熱、痛的情形，隨時回醫院返診。

 小提醒

術後還須評估腸蠕動狀況，有產生排氣，即可先進食溫水及流質食物，於術後
8 小時「採漸進性飲食」進食。（奶、豆類等易產氣食物仍應避免）

腸胃道

產婦常因食用含鐵較高的食物，或因害怕傷口疼痛等，造成便祕或排泄困
難。通常陰道分娩後 3 ～ 4 天，應可恢復產前的排便型態。多攝取纖維質及
水分（每日約 3000 cc），且儘早下床活動，均是促進腸蠕動達到預防及緩解
便祕的辦法。

小常識

可攝取纖維質以促進腸道蠕動，預防便祕 (如：木瓜、柳橙、橘子、奇異
果、香蕉、葡萄柚、葡萄、蓮霧等)。

 小提醒

麻油雞及酒類應於產後 7 ～ 10 天後始可食用。食用生化湯時要注意惡露量，
若量多於月經量則要暫時停用。

產後心理變化－產後情緒低落

產後常見的變化有體力耗竭、荷爾蒙改變、疼痛的後遺症、睡眠不足、心理
社會壓力增加等種種影響，部分媽媽會出現情緒低落的現象。而產後情緒低落
是最常見的產後情緒障礙。

常發生於產後 1 ～ 2 週之間，媽媽會不明原因的容易掉眼淚、疲倦、焦慮、
挫折、耐受力差，有飲食及睡眠障礙等負面情緒問題，通常症狀輕微。

若狀況持續超過 2 週且沒有改善，須進一步尋求西醫或中醫的醫療協助。

產後異常問題及預防

產後傷口疼痛

　　由於胎兒的頭圍較會陰口大許多，所以經由陰道分娩的自然產，會陰部會出現被剪開或被撕裂的傷口。疼痛感與傷口的大小呈正相關，產後 1 天內最明顯，在數週內消失。

　　剖腹產的疼痛較自然產強烈，通常需要止痛藥物來緩解，一般在數天或數週內皆可得到緩解。

預防方法

1. 避免直接壓迫會陰部傷口，能有效緩減傷口疼痛，可在坐姿或側躺時使用中空氣墊圈。

2. 若疼痛劇烈或氣墊圈無效，可在初期冰敷傷口，2 天後再換熱敷。或是使用止痛藥物。

3. 若產後 3 ～ 8 天傷口周圍紅腫、有異常分泌物、縫合處裂開等狀況，須使用抗生素治療，避免併發感染。

4. 剖腹產媽咪可運用「束腹帶」幫助傷口固定，減少傷口在活動時被牽扯所產生的疼痛。

5. 可諮詢中醫師，使用生化湯等含有活血化瘀止痛的中藥。

6. 外用可使用中醫紫雲膏加速傷口癒合。(詳見 P140)

🍼 產後子宮疼痛

在產後的初期，下腹部會有輕微陣發性疼痛的感覺，這是子宮收縮復原所產生的感覺。嬰兒吸吮乳頭及服用促進子宮收縮藥物，都會幫助子宮收縮，若收縮太強烈就會引發下腹部的子宮疼痛。

改善方法

1. 儘早下床活動，可幫助血液循環及子宮排空。

2. 對子宮進行環形按摩，促進子宮的恢復。

3. 休息時用側臥位，可緩解疼痛。

4. 不要吃冰冷及含酒精、刺激性的食物。

5. 如用以上方式，疼痛仍無法緩解，醫生可能會給予止痛藥或減少促進子宮收縮藥物。

🍼 產後恥骨聯合處疼痛

大多出現在懷孕中後期，恥骨聯合部位因為懷孕時內分泌激素使之逐漸分開，相關的韌帶也跟著鬆弛；另外，在分娩過程中，為了寶寶順利地通過產道，恥骨聯合處的軟骨也會因為內分泌激素使之溶解；甚至在將恥骨聯合處撐開的時候，會造成恥骨和周圍韌帶組織的撕裂傷，因而產生恥骨部位的疼痛。經常在產後蹲下時或拿重物、排便的時候，會感受到恥骨周圍有疼痛感，甚至會影響行走的步伐。

改善方法

1. 動作應和緩，避免下肢和臀部的拉扯。例如：縮短步伐、降低速度，還可使用彈性腹帶固定骨盆。

2. 下床後避免上下樓梯和爬坡。

3. 臥床時，兩腿間可放枕頭。

4. 建議坐有椅背的椅子，腰後加腰枕更佳，不可跨坐；避免負重。

5. 施作「陰道、骨盆底收縮運動」，可緩解骨盆腔的壓力。

產後感染（產褥熱）

「產後感染」常發生在產後的 1 ～ 10 天內，體溫至少 2 天高達 38 度。

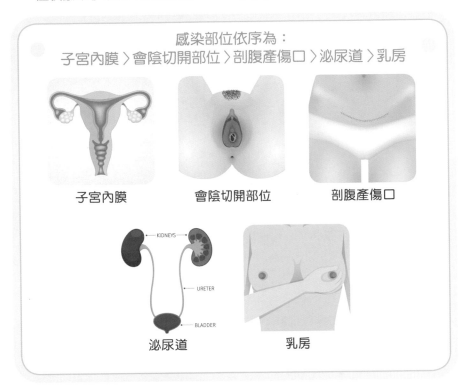

感染部位依序為：
子宮內膜 ﹥會陰切開部位 ﹥剖腹產傷口 ﹥泌尿道 ﹥乳房

子宮內膜　　　　　　會陰切開部位　　　　　剖腹產傷口

泌尿道　　　　　　　　乳房

 小提醒

子宮內膜感染散佈擴及的速度很快，控制不善會有敗血症風險。

何謂產褥熱？

分娩後 2 ～ 3 天，體溫上升至 38 ～ 39℃，同時出現惡寒的症狀。子宮頸或乳腺發炎可以引起產褥熱，但經常是找不到原因的。

1. 主因：生產時或產後細菌感染入侵產道、子宮，甚至全身。
2. 症狀表現：
   * 畏寒發熱，惡露有腥臭味，下腹部疼痛。
   * 會陰、陰道等傷口可見紅、腫、熱、痛的發炎症狀。

引起產後發熱的因素

產後發熱的原因	分析	處理方法
乳房腫脹	乳房腫脹造成的發熱，可將乳汁排出後，體溫應隨之下降。	1. 做好乳頭清潔及乳頭破皮的護理。 2. 輕柔地按摩疏通乳房腫塊。 3. 哺餵後再排空乳汁。 （可參照 P141）
產褥期感染	是最常造成產後發熱的原因，主要是細菌上行到子宮和輸卵管，產生感染。細菌是由陰道周圍或體外因子宮口鬆弛，且清潔護理不當而來。 若惡露有異味，腹部按壓疼痛應就醫治療。 若處理不當，會導致慢性骨盆腔炎，或全身感染，甚至死亡。	1. 做好會陰部的清潔，貼身衣物應勤換洗，並保持乾爽。 2. 充足的營養和休息，以增加免疫力並預防貧血。
乳腺炎	除了發燒，乳房周圍會摸到紅腫熱痛的硬塊。 多因乳汁排出不順暢，淤積在乳腺內形成硬塊，加上細菌感染所致。	輕者，可排空乳房與充足休息來緩解。 （可參照 P146）

* 如上述三項症狀無法自行排除，請諮詢專業西醫師或中醫師的專業治療。

預防方法

1. 做好陰部清潔，建議預產期前 1 個月開始避免性行為及泡澡。

2. 做好乳房的護理，以防乳汁排出不暢。

3. 做好會陰傷口的清潔及護理，勤換產褥墊並保持乾淨。

4. 充足的營養和休息，以增加免疫力。

5. 做好保暖，預防感冒。

6. 避免辛辣刺激及油膩食物。

中醫觀點

1. 治療原則：清熱解毒，活血化瘀。

2. 方藥：可用五味消毒飲合生化湯加減。

3. 中藥材：蒲公英、金銀花、連翹、敗醬草、赤芍、牡丹皮、益母草、生甘草、天花粉、乳香、沒藥、貝母、皂刺、魚腥草、生地、麥門冬

感染浸泡方

藥材 黃柏、黃連、苦參根、蒼朮、蒲公英等，各等分

作法 2000 cc水熬煮約 20 分鐘後，浸泡陰部約 10 ～ 15 分鐘，每日一次。

居家護理

1. 宜多喝水，多吃易消化食物。

2. 在分娩前 3 個月至分娩後 2 個月，避開盆浴，停止性生活。

3. 產後多注意衛生問題，尤其要注意下身的清潔，勤換洗內衣和內褲。

4. 不穿過厚不透氣的褲子如牛仔褲等。

🍼 產後排尿困難

在分娩過程中，因胎兒通過產道的壓力，造成膀胱及尿道周圍組織的腫脹、瘀血，或會陰裂傷影響等因素，導致膀胱脹滿的敏感度降低而排尿困難。

症狀為小腹脹滿甚而疼痛，欲小便卻排不出來或點滴而下，產後數小時即會出現，甚至整個產褥期都有此現象。

排尿困難也會影響子宮收縮及復原，導致陰道出血量增加，容易造成泌尿系統感染。

 小提醒

為避免膀胱積尿太多、太久，產後 6 小時內應有排尿，當無法排尿時可視狀況導尿。

日常照護指南

1. 為增加排尿的敏感度，建議產後媽咪盡量坐起或下床活動，避免長期臥床阻礙尿液排出。
2. 為預防尿路感染，可用溫開水由前陰往後沖洗。
3. 攝取足夠的營養及水分。
4. 避免油膩食物和辛辣刺激的調味。

◉ 何謂尿失禁？

分娩過程中，胎兒擠壓產道，導致骨盆底的韌帶和肌肉過度延展，甚至拉傷相關的肌群或損傷周圍神經血管等，造成尿失禁。大多在產後 6 週之內，多見於初產婦、巨胎、難產或肛門、尿道周圍肌群較無力的產婦。

症狀表現

每日排尿次數大於 8 次，排尿後仍有想要再尿的感覺，在大動作或使力時，尿液會自己流出無法控制，如打噴嚏、大笑、咳嗽、搬重物。症狀維持數天或長達數週。

日常照護指南

1. 排尿時可以稍微用力按壓膀胱上的下腹部數次，盡可能把膀胱內的尿液排空。

2. 養成經常小便的習慣。

3. 勤換護墊，可保持外陰部乾爽及避免尿液外漏。

4. 在噴嚏或咳嗽的時候，用雙手交叉環抱住下腹部，能降低下腹腔的壓力，避免擠壓膀胱造成漏尿。

5. 訓練憋尿或施行凱格爾氏運動，能強化骨盆底肌肉的收縮力量，能避免和緩解尿失禁的症狀。

小常識

練習憋尿的方法：在小便時先排出部分尿液，然後憋住幾秒後再排出部分尿液，如此重複數次。隨時都可以練習，也可在打噴嚏或咳嗽的時候練習。

小常識

產後泌尿道感染所引起的「膀胱炎」，通常是由大腸桿菌引起，經由泌尿道上行至膀胱。

中醫觀點

懷孕和生產過程對氣血消耗極大，耗氣傷神、氣血虧虛，再加上體質的差異，而出現漏尿或尿失禁的現象。

中醫認為遺尿問題病位在膀胱，多為脾、腎氣虛所致。《胎產新書》：「產後氣血虛脫，溝瀆決裂，潴蓄不固，水泉不止，故數而不禁耳。」即將產後遺尿歸納為氣虛不固。

中藥治療

以「溫腎補虛、固本培元、固攝止遺」為原則，如補中益氣湯、六味地黃丸、金匱腎氣丸、縮泉丸等，再考慮病人其他伴隨症狀做藥物加減。

按摩膀胱經，穴位如：三焦俞、腎俞，治療因生產時用力不當，所導致的肌肉神經損傷，並搭配按摩任脈的中極、關元、氣海等穴，達到補腎納氣、固攝小便的功效。

產後尿失禁食療

黨參核桃煎

材料　黨參、紅棗、胡核桃仁、黃耆各等分

作法　將黨參、紅棗、胡核桃仁、黃耆加 1000cc
水同煮，水滾後煎煮約 20 ～ 30 分鐘即
可服用。

功效　補中益氣，固腎縮尿，預防尿失禁。

當歸羊肉湯

材料　羊肉、黃耆、桂圓肉、紅棗、當歸、枸杞、
薑片各適量

作法

1. 將羊肉洗淨，入沸水鍋內川燙，撈出瀝乾。

2. 將羊肉放進湯鍋內，倒入適量清水略煮，下入黃耆、桂圓肉、紅棗、枸杞子、
當歸、薑片，蓋上蓋子，用大火煮沸後轉小火煮40分鐘，熄火前放入鹽調味即可。

產後便祕

自然產產婦容易因為分娩過程中，會陰部被切開造成的疼痛或怕用力解便時會再撕裂傷口，導致無法正常排便。

日常照護指南

1. 多補充水分，如湯品或開水。

2. 多攝取富含纖維的蔬菜、水果。

3. 儘早下床活動，增加胃腸道蠕動幫助排便。

4. 養成良好的排便習慣。

產後飲食如常，但大便數日不行或排便時乾燥疼痛，不易解出者，稱為產後便祕。常因產後失血造成氣血虛弱、津液不足。

若不及時治療，常導致產婦出現痔瘡、脫水、肛裂，甚至出現子宮脫垂等症。

中醫便祕食療與茶飲

食療─芝麻蜂蜜潤腸膏

材料 黑芝麻、蜂蜜各 50 克

作法 先將黑芝麻搗碎，磨成糊，煮熟後沖入蜂蜜拌勻。或以冷壓黑芝麻糊加蜂蜜拌勻沖熱水溫服，每日分 2 次服完。

功效 潤滑腸道，通利大便。

茶飲─麥冬百合茶

藥材 麥門冬、百合、玉竹、紅棗、女貞子各等分

作法 將藥材以水煎煮 20 分後溫熱服用。

功效 潤腸通便，滋陰養血，生津止渴。

茶飲─肉蓯蓉茶

材料 肉蓯蓉 30 克、蜂蜜 15 克

作法

1.將肉蓯蓉加入 600cc 水，先以大火煮滾，再以小火煮 15 ～ 20 分鐘即可，去渣取汁。

2.待涼後加蜂蜜即可飲用。

功效 肉蓯蓉性溫味甘，除了潤腸通便外，還具有補腎益脾生髓作用。

產後媽媽的生理變化

食療—紅薯粥

材料　紅薯 200 克、米 100 克、白糖少許

作法　將紅薯洗淨削皮切片後，與洗淨的米下鍋，加適量清水同煮為稀粥。待熟時調入白糖攪拌均勻即可。

功效　本品補益脾胃、通利大便，適用於脾胃虛弱、大便秘結症狀。

產後便祕穴位按摩

合谷穴

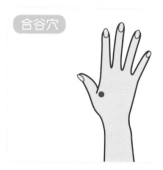

功效：具有和胃通暢，行氣導滯，疏經活絡的作用，常用於治療氣機失調的便祕。

位置：在手背第一、二掌骨間約平第二掌骨中點處；當虎口歧骨間凹陷中。

按摩方法：按摩 5 秒再放開，重複 30 下，一日數次。

天樞穴

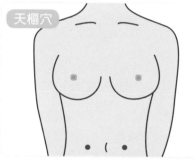

功效：天樞穴可和胃通暢，升降氣機，健脾理氣，是大腸經的募穴，可改善腸道功能，為治療便祕常用穴道。

位置：肚臍正中左右各外開 2 寸。

按摩方法：以肚臍為中心，天樞穴為左右角，以右手掌由右下腹往上按揉，經右天樞穴橫向肚臍，經左天樞穴而下，以順時針方向按揉即可。

🍼 產後痔瘡

是因為在直腸及肛門周圍的靜脈因壓迫造成曲張症狀。由於懷孕期間胎兒及子宮不斷增大，導致直腸、肛門及會陰部等靜脈受到壓迫，慢慢形成痔瘡。此外，在分娩過程中會陰部受到的撕裂傷會產生肛門的腫脹疼痛，也容易導致痔瘡或加重。所以在產後有便祕情況的患者，更會有痔瘡的困擾。

症狀表現

嚴重程度的痔瘡會導致肛門周圍局部組織腫脹、疼痛，甚至排便時出血。產婦會因為害怕疼痛而不敢解便，因而造成便祕。

日常照護指南

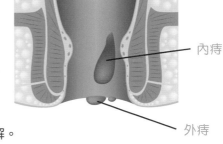

內痔

外痔

1. 多攝取纖維，如蔬菜、水果。

2. 多補充水分，如湯品及溫開水。

3. 少吃過於辛辣調味或精緻的食物。

4. 多活動，可增強腸胃蠕動。

5. 儘早下床活動，增加胃腸道蠕動。

6. 痔瘡疼痛明顯時，可用溫水坐浴來緩解。

7. 使用醫師開立的外敷痔瘡藥膏或直腸栓劑，緩解痔瘡的疼痛。

 小提醒

緩解痔瘡疼痛：可以採溫水坐浴的方式，以適當的溫度每天坐浴 2 ～ 3 次，每次 15 分鐘。

中醫產後痔瘡茶飲

參耆山藥補氣茶

藥材　黃耆、黨參、山藥、紅棗

作法　材料加適量水，將黃耆、黨參、山藥、紅棗燉熟，溫熱服用。

功效　補氣血，適用於產後痔瘡。

　　使用中藥紫雲膏塗抹患部。痔瘡腫脹嚴重者，抹藥的藥量和頻率都可增加一日 3 ～ 4 次。

　　方劑：紫雲膏方子的組成為紫草、當歸、麻油、蜂蠟等藥材。（詳見 P140）

產後子宮復舊不全

　　在懷孕過程中，胎兒在子宮內不斷成長變大，使得子宮體積增大，宮壁也增厚、血液灌流量也增加等。當胎兒娩出子宮後，需要 8 週才能恢復原來的狀態及癒合。

　　子宮復舊不全是指，產後子宮無法恢復到懷孕前的大小及狀態，同時惡露的進展沒有從紅惡露轉變為漿性惡露，再進展到白惡露。

　　最常發生的原因是：胎盤剝離不全，碎片殘留及子宮內膜發炎（特別是胎盤剝離的部位）。

子宮復舊三重點（可參考 P166）

子宮復舊包括：子宮體、子宮頸和子宮內膜三部分的修復。

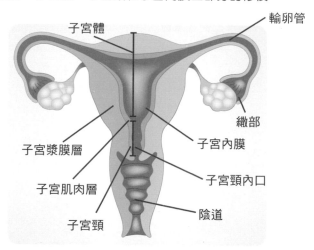

1. 子宮體：恢復到懷孕前的狀態，並且下降進入骨盆腔內。
2. 子宮頸內口：在生產 7 ～ 10 天後會閉合，約產後 4 週，宮頸完全復舊。
3. 子宮腔：在產後 10 天，會產生新生的內膜覆蓋，但胎盤附著處除外。

症狀表現

可以按壓到大而軟的子宮、惡露進展（紅→漿→白）不良、下腹腔有重墜或疼痛感；另外，若感染，會出現發燒、背痛及分泌物量增加等情況。

* 影響子宮復舊的因素（可詳見 P167）

預防措施

透過子宮收縮的情況、測量子宮底高度及觀察惡露的進展，來評估產婦子宮復舊情形。子宮底約 10 天會進入盆腔，並且高度與恥骨聯合處齊平。

── 幫助子宮收縮的方法 ──

1. 透過對乳頭的刺激，可以增進子宮收縮。哺乳時寶寶的吸吮、按摩或熱敷乳房都有效果。
2. 可以在子宮上的腹壁上按摩。（參考子宮環形按摩）

── 惡露的評估 ──

1. 當子宮收縮不良，或是傷口仍在出血時，血性惡露量多而且淋漓不止。
2. 胎盤或胎膜仍有殘留時，惡露不停。
3. 子宮內膜或子宮肌發炎時，惡露伴有腥臭味，同時會有發燒、下腹痛或按壓痛。

解決方法

由醫生診察評估使用子宮收縮劑，促進子宮收縮。

中醫觀點

惡露不盡應以「活血化瘀、補血養血」為主要。飲食上要注重補血，適當攝取具有活血補血的食物和中草藥，如益母草、山楂、玫瑰、桃仁、蓮藕等，具有活血化瘀的功效，紅棗、桂圓、紅糖、花生、當歸、黃精、木耳、三七等具有補血止血的功效。

蓮藕粥

材料 蓮藕 100 克、白米 60 克
作法
1. 將米洗淨，先入鍋加適量清水熬粥。
2. 待粥熟時加入蓮藕，煮至蓮藕表面變色，加鹽、
　蔥末調味即可。
功效 適用於血熱引起的產後惡露不盡。

當七烏骨雞湯

材料 當歸 20 克、三七 10 克、烏骨雞 1 隻、
　生薑 3 片
作法
1. 烏骨雞、當歸、三七分別洗淨。
2. 將所有材料及薑片放入電鍋內，放入適量清
　水，隔水蒸 1.5 小時，至烏骨雞肉熟爛即可食
　用。主要能補血去瘀，產後惡露不盡服用佳。

● 何謂產後子宮脫垂？

　　子宮的正常位置是由數條韌帶（包括圓韌帶、子宮骶韌帶、闊韌帶以及卵巢韌帶）在上牽扯固定。而當韌帶的強度（拉力）變弱了，子宮便會沿著陰道往下滑，不能維持在原來的位置，嚴重的會降至陰道口外，就產生了子宮脫垂。其中子宮骶韌帶在防止子宮脫垂有著重要的功能。

　　分娩的過程中，相關韌帶的撕裂傷是造成子宮脫垂最常見的原因，特別是多胞胎或難產。大約有一半的產婦會有著不同程度的盆腔器官脫垂症。當年齡越大，相關韌帶越無力時，脫垂的程度越嚴重，特別是更年期後的產婦。大部分都可以藉由外科手術得到改善。

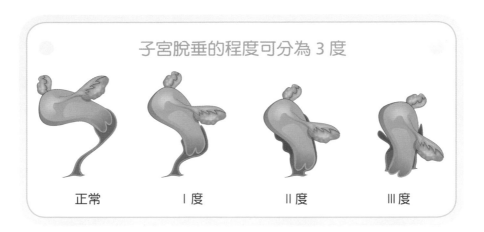

子宮脫垂的程度可分為 3 度

正常　　　Ⅰ度　　　Ⅱ度　　　Ⅲ度

脫垂程度	表現	治療與否
Ⅰ度	子宮輕微下滑，但子宮頸尚在陰道內，陰道內會有重物的存在感。	通常休息即可恢復，不必治療
Ⅱ度 輕Ⅱ度 重Ⅱ度	當腹腔壓力增加時，子宮會下滑到陰道口，陰道口會感覺到重物壓迫，並觀察得到。	須外科手術治療
Ⅲ度	子宮完全掉出陰道口，同時陰道也會全部外翻脫出於外陰部，即「完全子宮脫垂」。	須外科手術治療

子宮脫垂的症狀

　　產後自覺陰道內會有重物的存在感；稍重者，下滑到陰道口，陰道口會感覺到重物壓迫；更嚴重則是子宮完全掉出陰道口。此外，也會有腰痠、尿失禁等症狀。

產後血栓靜脈炎

「血栓性靜脈炎（Thrombophelbitis）」主要是靜脈血管壁發炎加上血栓所造成，這樣的血栓黏著性較大，較不會栓塞，因而會有發燒和下肢浮腫疼痛症狀。剖腹產發生率一般比自然產的產婦高三倍以上。

霍曼氏徵象（Homan's sign）

因為生產過程中維持雙腿抬高姿勢的時間太長，產生血栓靜脈炎所致。

評估：請產婦採平躺姿勢，將腿伸直然後放鬆。檢查者一手固定支撐產婦膝處，另一手握其腳掌，向脛骨方向用力曲屈。
若產婦表示小腿腹部有疼痛感，代表霍曼氏徵象 (+)，可能有「深部靜脈血栓」的疑慮。

預防方法

1. 建議產後儘早下床活動來減少血栓靜脈炎的風險。無法下床活動者，做足部運動亦有幫助。

2. 剖腹產的前 2 週除了儘早下床活動外，應再搭配彈性襪的使用。若有血栓的栓塞病史亦同，在產後下床走動時可穿著彈性襪。

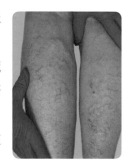

3. 應避免固定姿勢太久，如久站或久坐。亦應避免雙膝交叉而坐。

4. 避免下肢壓迫，如翹腳、將枕頭置於大腿上或墊在膝下。

勃氏運動

每日至少執行 3 ～ 4 次，每次重複 3 ～ 6 遍，可有效改善下肢循環。

第一動作：平躺並將下肢抬高 15 ～ 45 度，時間約 3 分鐘。

* 注意事項：抬高的角度勿過大，以免心臟回流的血液過大，造成不適。

第二動作：起床坐於床邊，雙腿下垂數分鐘後，無不適情況，再左右或前後擺動。時間同樣持續 3 分鐘。

* 虛弱的產婦，須雙手捉握住床緣，再做下肢擺動運動，以免發生意外。

第三動作：做完一、二動作後，平躺 3 分鐘，再重複前面動作。總持續時間為 30 分鐘。

* 可視體力狀況，採漸進方式執行勃氏運動。

產後腰痛

產後的腰痛大部分是因為子宮劇烈收縮所致，另外，胎兒對脊椎和骨盆的壓迫；胎盤分泌的激素使相關的韌帶鬆弛；產程肌肉用力的疲勞也會引起腰痛。若產婦活動量少、太過於勞累、缺鈣等，也會造成產後腰痛。

症狀表現

腰部疼痛可以是單側或雙側的，一般會有隱痛、脹痛、痠痛、刺痛等疼痛類型，嚴重時疼痛也會向上或向下放射性延伸到背部或臀部，造成腰背臀部疼痛。通常在過度勞累時症狀加重，一般透過適當的休息可以緩解。

中醫觀點

中醫認為「腰為腎之腑」，肝主筋、腎主骨、脾主肌肉。即肝血要充足，才得以養筋，肝若不好，體內廢氣就不易代謝，產生痠痛。腎管理骨骼生長與修復功能，腎若虛弱，血液循環就不順，也易引起痠痛。產後由於氣血大虛，肝脾腎俱虛，加上孕期體重上升也易壓迫腰部神經，造成產後腰痛的原因。

緩解方法

1. 身體打直，呈俯臥屈膝姿勢，再將臀部往上抬起，大腿與小腿垂直。
2. 躺平姿勢，腰部下方墊枕頭，施行右手指尖觸摸右腳踝的運動（左側亦同）。
3. 躺平姿勢，做抬腿運動。
4. 日常生活應保持腰部挺直的姿勢，如：哺乳或換尿布。
5. 避免負重，特別是彎腰提拿重物。
6. 持續腰痛或劇烈疼痛時，應做物理治療改善，避免持續惡化。

杜仲茶

藥材　杜仲 5 錢、紅棗 10 顆、麥門冬 3 錢
作法　將藥材放入鍋中，加 1500 cc 水，以大火煮沸後，轉小火煮至約剩 1000 cc 即可。
功效　補肝腎，強筋骨，增強免疫力。

腰陽關穴

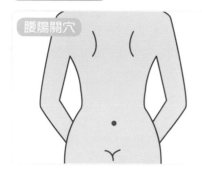

功效：利腰腿、溫腎陽。

位置：腰部正中線第四腰椎（十六椎）棘突下凹陷處，約與髂嵴相平。

按摩方法：可先熱敷，在腰陽關處用熱毛巾覆蓋，用手部魚際處，在腰陽關穴的位置滾動，每次按揉 50 下，一日數次。

腰眼穴

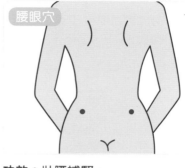

功效：壯腰補腎。

位置：腰眼在腰部，位於第四腰椎棘突下，旁開約 3.5 寸凹陷中。

按摩方法：可先熱敷，在腰眼處用熱毛巾覆蓋，用手部魚際處，在腰眼穴的位置滾動，每次按揉 50 下，一日數次。

委中穴

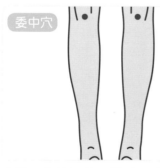

功效：舒筋通絡、散瘀活血，可有效緩解腰部疼痛，放鬆腰部肌肉。

位置：位於膝蓋後方正中央的膝窩處。

按摩方法：兩手拇指端按壓兩側委中穴，也可在委中穴處覆蓋熱毛巾，一壓一鬆為 1 次，連續 30 次，一日數次。

產後媽媽的生理變化

產後血崩

　　產後出血是產婦生產死亡的頭號殺手，通常經陰道分娩的產婦失血量約 300 ～ 350ml；若產婦自然娩出胎兒後失血量大於 500ml，或剖腹產後失血大於 1000ml 以上者，即稱為「產後出血」。

產後出血可分為兩類

- 早期產後出血：產後 24 小時內，失血量大於 500ml，這段期間是產婦死亡率最高的時期。
  - a. 原因：子宮收縮無力、產道嚴重的撕裂傷與血腫、胎盤剝離不全碎片殘留和瀰漫性血管內凝血。
- 晚期產後出血：產後 1 ～ 42 天，會稱為「遲發性產後出血」，尤其是產後 6 ～ 10 天。
  - a. 胎盤剝離不全碎片殘留為主要因素。
  - b. 在惡露中混雜著鮮血或血塊，而且血量沒有減少反而增加，應儘速就醫診治，否則容易造成產後貧血症，甚至引發休克。

 小提醒

產後大出血
產後大出血是指於半小時至 1 小時內即需更換兩片衛生棉的出血量。若您發現惡露量增多或有大量血塊出現，應立即就醫。

預防產後出血

- 產婦在懷孕期間就應保持健康：定期產檢、維持良好的營養攝取，避免病毒、細菌的感染。
- 若妊娠期間貧血，應儘早改善，可多攝取含有高鐵與葉酸的食物。
- 產後 2 小時內應仔細評估子宮收縮及復原的狀態，可透過評估子宮底的高度、大小、堅硬度得知情況。
- 如果子宮呈現柔軟形態或上升偏離中線的位置時，應立刻按摩子宮底到它變硬實為止。但是亦切不可按摩過度，造成子宮肌肉疲勞更易導致子宮鬆弛柔軟而出血。
- 仍應持續仔細評估子宮收縮復舊的情形，以及陰道出血量及惡露的變化。
- 脹滿的膀胱會阻礙子宮的收縮，可透過觀察解尿情形，來評估膀胱是否脹滿。產後約 4 小時應提醒或誘導產婦排尿。

產後運動

產後身體可能出現的困擾與情況,是懷孕期間無法想像的!

懷孕過程胎兒逐漸長大壓迫,媽媽易產生姿勢不良的狀況。常見有身體重心前移、骨盆前傾、重心移至腳跟等。產後又因抱寶寶身體重心前移,導致頸部、腰背部、骨盆及腳跟痛。

主要是因媽媽肌力不足無法維持正確的姿勢,造成身材變形及各種產後症狀。另外,多數的媽媽在生產後會經歷一段情緒不穩定期,如情緒時好時壞、易感傷、流淚等,透過產後運動,也可恢復原有的體力與肌力,減輕肩膀痠痛、腰痛、骨盆不適等困擾。

臨床上儘早執行產後運動,不僅能減輕疼痛,更可幫助減緩不良情緒,有助於身體營養的吸收,促進乳汁分泌、產後的恢復,達到減輕體重及體能增加等效果。

產後身、心變化的過程

	生完 1 週內 靜養期	出院至第 1 個月 產褥期	1 個月後至產後回診 復原期
心理	興奮期	混沌期→疲憊感、情緒低落期→安定期	
身體	盡量多臥床休養,進行和緩的活動,等待身體的恢復。	開始照顧寶寶,過程中須注意姿勢。	準備進入日常生活,適度鍛鍊肌力,別讓不良姿勢導致身體的不適。

產後運動的時機

自然產產婦	剖腹產產婦
產後 5～10 小時，即可下床進行輕微的活動，如：床邊活動、較緩和的運動。 2 天後可在家中隨意走動，進行一些產後恢復操，幫助身體復原。	視情況延遲活動的時間。 當麻醉消退，恢復知覺時，可在床上進行適當的肢體活動。 盡早下床走動，可防止腸沾黏及血栓的形成，增加腸蠕動、促進排氣，更可促進子宮收縮。

產後運動的目的

1. 促進產婦身體功能運作的恢復。
2. 協助產婦骨盆韌帶排列、腹部及骨盆肌肉群功能恢復。
3. 促進收縮胸部、腹部、臀部鬆垮的肌肉，恢復產後身材。

產後運動的注意事項

1. 掌握產後運動時機，避免過早開始，若產後立即進行劇烈運動，恐影響子宮復舊，傷口恢復等。
2. 運動量應循序漸進，並持之以恆，避免劇烈運動。
3. 避免在飯前或飯後 1 小時內執行運動，運動時保持心情平和。
4. 建議母乳哺餵的媽媽可先哺乳後再運動。
5. 運動過程適度不可太勞累，且適時補充水分，以免影響媽媽乳汁分泌。
6. 運動時選擇寬鬆或彈性較好的衣褲。

產後運動的類型

包括凱格爾氏運動、腹式呼吸運動、頸部運動、乳部運動、提起骨盆運動、骨盆搖擺運動、擺膝運動、腿部運動、臀部運動、腹部肌肉收縮運動（仰臥起坐）、子宮收縮運動等。

凱格爾式運動

　　如忍大小便或中斷小便般地收縮會陰、尿道及肛門的方式，先收縮 5 秒後，再緩緩放鬆相關肌肉，每回做 4 次，一日可做 3 回或更多，坐、站、平躺時皆可做。如此，可增進骨盆腔血液灌流，增加相關肌群力量以促進會陰傷口的恢復，並且預防及改善壓力性尿失禁。

腹式呼吸運動

　　全身放輕鬆，可採站立、坐姿或仰臥。將雙手置於腹部，用鼻子深吸一口氣，吸氣時，腹部會向上隆起擴大。接著用嘴慢慢吐氣，此時腹部會下降縮小。此動作可促進血液循環與肌肉放鬆。每天早晚各 1 回，每回 5 ～ 10 次。

上半身運動（頸部、乳部、骨盆）

頸部運動

平躺，緩緩將頭仰起，盡量向前彎，使下巴靠近胸部，兩眼直視腹部約 10～15 秒，並同時收縮腹部，再回到平躺姿勢。此動作可增加腹部肌群的力量，伸展頸背部肌群。建議可在產後第 4 天開始施行，每日 2 回，每回 5～10 次。

乳部運動

平躺，兩臂向左右伸展，高度與肩部水平。將雙手向前靠攏於胸前，再恢復原位。此動作可使胸部肌群緊實。建議產後第 2～3 天開始，每日 2 回，每回 5～10 次。

● 提起骨盆運動（陰道、骨盆底收縮運動）

　　平躺，雙腳分開與肩同寬，彎曲立起雙膝。吸氣時，臀部用力，盡量將腰部抬離地板，持續保持此狀態 1 分鐘。吐氣時緩緩放下腰部回到地板。此動作可使骨盆腔內肌肉收縮，達到預防及改善子宮、膀胱、陰道下墜感的不適。建議產後第 3 天開始，每日可作多次。

* 向上抬起腰部時，盡量向內縮緊臀部。放下腰部時避免臀部直接接觸地板。

● 骨盆搖擺運動

　平躺，兩踝與肩同寬，雙腿彎曲約成直角。吸氣的同時，收縮臀部及下腹部肌群，使臀部及下背部抬高，如此上下搖擺 2 ～ 4 次，再緩緩放下。此動作可提升下背肌肉力量，緩解腰痠背痛的情形。建議產後第 5 天開始施行。

* 腳板要平貼地板

下半身運動（擺膝運動、腿部運動、臀部運動）

擺膝運動

　　平躺，雙臂稍微外開於身側。雙膝靠攏彎曲，腳掌貼地，慢慢將雙膝指向左側。移回原位後，再轉向右側，重複6～12次。此動作可增加下背部肌肉張力。建議產後第7天開始施行。

	腿部運動	臀部運動
目的	可增加腹部肌群的力量，促進子宮恢復正常位置。	
時間	建議產後 1 週左右開始施行。如有會陰修補者，建議產後第 2 週再開始。	
方法	平躺，將雙手平放於兩側，伸直雙腿。 輪流將左右腳舉起約 45 度，再緩慢放下，重複做 5 ～ 10 次。	平躺，將雙手平放於兩側。 伸直雙腿，彎曲右腿且將足部貼近臀部，讓右大腿靠近腹部的位置，再緩緩伸直放下，接著換左腿。左右輪流交換動作，共做 5 ～ 10 次。

子宮收縮運動（膝胸臥式）

　　先採跪姿，膝與肩同寬，再趴臥。接著將身體弓起（腰挺直、臀抬高），使肩與胸盡量靠近床面。如此保持約 2 ～ 3 分鐘。此動作主要是協助子宮恢復正常位置。建議產後第 15 天開始施行。每次先從 1 分鐘開始，適應後再慢慢延長時間。

腹部肌肉收縮運動（仰臥起坐）

　　平躺，將雙手交叉置於胸前，利用腹部肌肉力量使身體坐起。可重覆此動作5～10次。主要是增強腹部肌群的力量。建議產後2週後開始施行，每日數次。

束腹帶的使用方法

基本介紹

　　傳統會在產後用紗布繃帶，幫產婦纏繞腹部，以達到束腹作用，故將其稱之「束腹帶」。

　　決定束腹帶使用與否的必要關鍵，是產婦所選擇的生產方式，因此產婦若能了解束腹帶正確的使用時間、方法，才能讓束腹帶發揮其真正功用，在產後享有較佳的生活品質。

束腹帶功能

　　對於產婦而言，束腹帶的功用是在固定傷口、減低疼痛與支撐、重塑身體。

　　最主要功能：可固定加壓剖腹產產婦的傷口，減少其因活動牽扯到腹部傷口而產生的疼痛。

　　次要功能：支撐、重塑身體。產婦正確使用束腹帶，可防止內臟下垂，促進子宮收縮與骨盆恢復。

束腹帶的種類

骨盆帶

材質有橡膠、乳膠跟聚酯纖維等種類，主要是固定骨盆。產後第 1 天就可以使用骨盆帶。

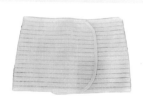

簡易型（傳統型）

一片式前後兩端使用魔鬼氈固定設計。

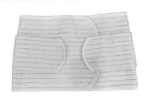

加強型（魔鬼氈）	纏繞式
會在兩側另加 1～2 條加強帶，達到加強固定骨盆的功能。	紗布或是印尼布，操作過程較複雜，初期需要他人協助完成。

挑選原則

健康環保

選購天然、環保材質所編製，如：天然棉、環保橡膠絲。

舒適透氣

挑選產品時可選擇透氣式織法、內裡材質為全棉的，在包覆時兼具吸汗、通風等舒適性。

包覆完整

選購時避免過緊或過鬆，兩側刷毛黏貼面不可太小，且須具備完整包覆的功能。

收腹護腰

挑選具備適度彈性及可調節的設計，能給予腰部適度支托，緩解產後腰痠。

注意事項

挑選適合的束腹帶

尺寸若有分型號的，可詢問專業人員建議，依照身型選擇合適的，減少尺寸不合所產生的不適，建議挑選均碼且彈性佳的。

純棉的沒彈性

純棉或紗布材質具有高透氣性，缺點是彈性差，使用時若綁太鬆則效果差，綁太緊則不舒服。

注意化纖材質

化纖材質在寒冷季節易產生靜電、僵硬，悶熱、流汗時易刺激皮膚造成過敏，因此選購產品前要了解其材質，勿選氣味濃厚的化纖產品。

● 適合對象與時機

適合的對象

· 適用剖腹產產婦，初期傷口加壓減少疼痛。
· 給予脊椎勞損、腰痠背痛者支托與防護。
· 產婦或有塑身需求。

適合的時機

· 不論是剖腹或自然產的產婦，產後皆可立即使用。
· 建議自然產產婦，僅下床活動時才使用，以免影響休息。

剖腹產及自然產

· 剖腹產產婦使用的原因

　a. 傷口固定：減少活動時牽拉引起的疼痛，腹直肌一直往外擴，所產生的傷口疼痛或牽扯，有利於傷口癒合。

小常識

何謂腹直肌？

指軀幹下半部（或稱腹部）的器官，由若干片狀的肌肉保護著，並固定在適當的位置。

---

　b. 活動較不受限：剖腹產開刀傷口尚未痊癒的時候，產婦活動時容易不小心牽扯到傷口，導致疼痛感加劇，適度的加壓可減少此狀況產生。
　c. 避免肺部發炎：術後須適時將痰咳出，為減緩咳痰時的疼痛，建議咳痰前先使用束腹帶，避免痰液堆積引發肺部感染、發燒等情形。

- 自然產媽媽使用的原因

  因自然產的傷口在會陰部，不需使用束腹帶，但臨床上還是有很多產婦使用，可能受到傳統觀念的影響。

- 自然產媽咪使用束腹帶注意事項

  a. 要特別注意束腹帶使用的方向及用法，主要是藉此將身體下垂的部分往上托。

  b. 使用傳統纏繞式束腹帶者，須特別遵守「由下往上」、「由緊到鬆」的纏繞方式，減少骨盆器官下垂的可能。

  c. 不須刻意綁緊束腹帶，且避免長時間使用，以免影響生活品質。

  d. 晚上睡覺時避免持續使用，盡量是白天下床活動時再使用。

  e. 自然產產婦若「錯誤」、「過度」使用束腹產品，可能增加骨盆器官下垂的機會。

使用束腹帶的優缺點

優點

懷孕後期胎兒逐漸增大，子宮被撐大向上頂住胃，產後胃失去下方支撐力量，就容易處於下垂的狀態。若能適當且正確使用束腹帶，從醫學的角度來看，有助於體型恢復，還可有效防止產後胃下垂。

缺點

束腹帶過緊，會使腹壓增加，則可能造成子宮下垂，子宮嚴重後傾後屈，陰道前、後壁膨出等。因壓迫使盆腔血液流動不暢，抵抗力下降，易引起下肢靜脈曲張、痔瘡、盆腔炎等，影響媽媽健康。

正確的束腹帶用法

- **位置**：從骨盆最寬處開始至偏肚臍下方的腹部，穿著位置正確時，身體會有「半托＋壓」的感覺，使媽媽的下墜感減輕。

- **時間**：視子宮回到骨盆腔內的恢復狀態而定，一般穿著時間約 2 ～ 3 週。當子宮回到骨盆腔之後，束腹帶對身體就不再有明顯的作用。

骨盆帶綁法

在操作前，須排空膀胱，協助平躺後並將骨盆帶置於骨盆最寬的位置。

* 可以搭配任何一種束腹帶

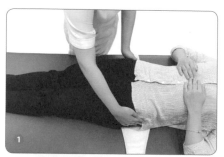

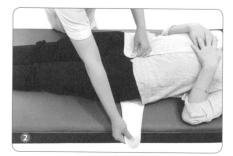

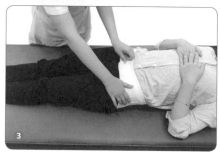

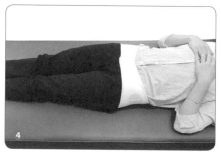

（簡易型）魔鬼氈綁法

基本款，通常比較小條，效果普通。

作用：傷口加壓、固定腰椎

使用前先分辨它的上跟下，「八字形」寬的部位在臀部。請媽媽排空膀胱，協助平躺後，從骨盆最寬的地方將它固定起來。注意，剖腹產媽媽在撕開的時候，要稍微加壓避免拉扯到傷口。

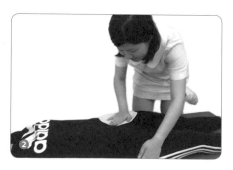

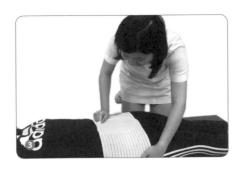

（加強型）魔鬼氈綁法

作用：傷口加壓、固定腰椎

請媽媽排空膀胱，協助平躺後，「八字形」寬的部位在臀部，從骨盆最寬的地方將它固定起來，不可只固定在腰部。外面兩條是加強的（加強骨盆固定），可自行調整鬆緊。

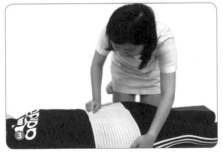

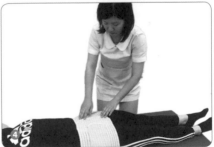

- 初期須由他人協助完成。
- 纏繞束腹帶前，先請產婦排空膀胱，接著執行子宮按摩並評估其子宮收縮情況。
- 請產婦平躺將膝蓋彎曲，從骨盆最寬處開始纏繞，將束腹帶一端置於腹部，抬高臀部後，向下繞至臀部，再回起始位置一圈。
- 將第一層完全覆蓋且繞完三圈後，在身體側面進行打摺的動作。繞一圈將打摺處完整覆蓋後，再逐步的向上 1 ～ 2 公分處纏繞，繞到第七圈後，在之前打摺處的對側打摺，再繞一圈後將打摺處完整蓋住，綁到肚臍以上後，只須環形繞住肚子。過程中不需再打摺，最後可塞入衣服內或使用別針固定。

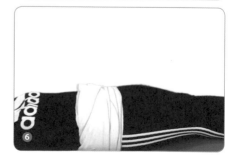

中醫坐月子

中醫九大體質辨證原則

何謂體質

　　產婦體質決定其食物的四性五味搭配。中醫強調依個人體質「辨證論治」後，配合「體質」、「四時」和「節氣」進行食材與藥材的搭配，順應各種體質差異的調理，才稱為全方位的月子養生。

先天體質與後天體質

1. 先天體質：是指腎氣、腎精，與父母先天體質及懷孕等過程有密切相關。

2. 後天體質：主要指脾胃，與後天的飲食習慣最有關聯。

小提醒

做好月子的重要關鍵

1. 掌握產婦體質辨證

2. 掌握食物的特性（四性五味）與現代營養學

怎麼判斷 沒做好月子？

1. 生產前後無不適症狀，卻在坐月子期間或是坐月子後反復發生。

2. 懷孕期的不適症狀，在坐月子期間或是坐月子後仍持續存在。

3. 月子沒做好，出現「補不對症」的現象，常見有：口乾舌燥、嘴巴破、腰痠背痛、眼睛酸澀、煩躁、失眠或怕冷、四肢冰冷、痔瘡出血等。

先要「觀」產婦體質，才可「察」身體的盈餘

人的體質會隨著環境、飲食及生活壓力而有所變化。每個人的體質大不同，不能採用同一套食療系統，因此瞭解產婦個人體質，並針對此做飲食上的調整，建立自己所屬體質的飲食原則，才是正確的飲食養生之道。

臨床最常見的九種產婦體質，是依循「中醫基礎理論」和「中醫診斷學」，以八綱、臟腑、氣血津液等中醫學辨證理論，並結合臨床經驗所歸納而成。

下面章節將以臨床上常見的九種體質作基礎，配合體質的飲食方案調整，讓產婦能在坐月子期間享有健康飲食。

產後九大體質概述與飲食原則

平和體質

- 飲食睡眠良好
- 大小便正常
- 個性平和開朗
- 舌淡紅、苔薄白
- 脈和緩有力
- 體型勻稱健壯
- 面色膚色潤澤
- 目光有神
- 唇色紅潤
- 精力充沛

● 平和體質

【飲食原則：中庸之道】

由於平和體質者有自己的優勢，相對其他體質來說，養生更容易一些。採取「中庸」之法是平和體質者日常養生重點，不要吃得過飽，也不能過飢，不吃冷也不吃得過熱。

○ 宜：多吃五穀雜糧、蔬菜瓜果。

✕ 忌：少食過於油膩及辛辣之物。

氣虛體質

- 食慾低
- 心悸
- 苔薄白
- 脈象虛緩
- 體型消瘦或偏胖
- 肌肉鬆軟
- 呼吸氣短
- 懶言、聲音低微
- 稍動則大汗出
- 舌淡紅、舌體胖大，邊有齒痕
- 倦怠、全身乏力、精神不佳

● 氣虛體質

【飲食原則：補中益氣，健脾補胃】

改善氣虛體質的飲食原則為「虛則補之」。為了能達到補益效果，除了多進食補氣食材外，也可以採氣血雙補，但要注意食材用量不宜過大。此外，亦應注意脾胃保健，以免補了後反而滯膩，妨礙身體吸收。氣虛的表現多為臟腑功能減退而尚未見寒象，所以不需要進食過於溫熱的食物，可多進食性平或微溫，以及易於消化的食物。

○ 宜：應多吃熱食，平性或微溫食物，多喝溫水。

✕ 忌：少食寒濕生冷食物、冷飲、油膩厚味和辛辣發物，如蔥、椒、薑、韭菜、酒、蟹、筍、芥菜、茴蒿、鹹菜、羊肉等。

- 補氣食材：黃豆、白扁豆、糯米、豌豆、粟米、南瓜、葡萄、櫻桃、雞肉、羊肉、牛肉
- 補氣藥材：黃耆、人蔘、西洋蔘、白朮、桂圓、山藥、黃精、紅棗
- 禁忌食物：蕎麥、柚子、白蘿蔔、柑橘、空心菜等耗氣的食物

黃耆

紅棗

白朮

人蔘

山藥

金瓜炆雞腿

材料：

- 南瓜 350g
- 雞腿肉 250g
- 香菇 70g
- 薑片 25g
- 蔥白段 25g
- 蔥綠段 25g

作法：

1. 南瓜清洗乾淨，去籽連皮切成塊狀。

2. 雞腿切與南瓜同大小；香菇切片。

3. 熱鍋放入雞腿肉，大火炒至表面變色，撈起備用。

4. 原鍋用剩餘雞油，爆香薑片、蔥白段，加入南瓜塊翻炒，加入雞肉、高湯（蓋過食材表面），大火煮滾後，調味，轉小火續煮 15 ～ 20 分鐘，待湯汁收乾至 1/4 即可，起鍋前撒上蔥綠段。

氣虛體質藥膳湯品

黨參黃耆羊肉湯

材料：

- 帶皮羊肉 600g
- 黨參 15g
- 當歸 15g
- 黃耆 20g
- 枸杞 30g
- 紅棗 10 粒
- 薑片 3 片

作法：

1. 羊肉洗乾淨切塊，用蔥、薑、米酒川燙。

2. 當歸泡米酒。

3. 除當歸之外，所有材料放入湯鍋內（當歸最後起鍋前 10 分鐘再下），加水 2500 毫升，大火煮滾，改小火煮 1.5 小時。

4. 最後用鹽調味即可。

陽虛體質

- 面色蒼白、唇白
- 怕冷、手腳冰冷
- 語音低微、倦怠乏力
- 不易口渴、喜吃熱食
- 舌體胖嫩、邊有齒痕、苔潤
- 大便軟或容易腹瀉
- 夜尿多次、小便清長
- 脈沉遲弱
- 嗜睡
- 畏寒喜暖和四肢冰冷

● 陽虛體質

〔飲食原則：虛則補之〕

改善陽虛體質的飲食原則為「虛則補之」。應較多進食溫性和具補陽作用的食材，且合理調配補氣食物，以助臟腑之功能，增加抗病能力。

○ 宜：多吃熱食，喝溫水、熱粥或熱湯。

✕ 忌：禁食生冷食物和冷飲，以免進一步損傷人體陽氣。

- 溫熱食材：黑豆、芝麻、桂圓、生薑、蔥、大蒜、烏骨雞、鱔魚、栗子、龍眼、荔枝、櫻桃等
- 補腎藥材：鹿茸、冬蟲夏草、核桃、肉桂、菟絲子等
- 禁忌食物：冰鎮飲料、苦寒藥物、青草茶、椰子汁

鹿茸

核桃

肉桂

鮮蝦羊肉煲

材料：

- ・帶殼草蝦 8 隻
- ・蔥白段 20g
- ・羊肩肉 250g
- ・香菜 5g
- ・豌豆莢 150g
- ・紹興酒適量
- ・薑片 30g

作法：

1. 草蝦剪除鬍鬚、觸角、蝦囊，開背去腸泥，清洗乾淨備用。
2. 羊肩肉切約 0.5 公分厚片；豌豆莢摘去頭尾老化纖維，清洗備用。
3. 中火熱鍋，將草蝦兩面各煎約 10 秒 (半熟)，盛起備用。原鍋爆香蔥段、薑片，加入羊肉大火翻炒，加入少許高湯，調味鹽、糖、醬油，加入蝦子、豌豆莢，燒至食材全熟、湯汁略為收乾。起鍋前熗少許紹興酒，盛放於砂鍋中，上方點綴香菜即可。

陽虛體質藥膳湯品

蟲草烏雞湯

材料：

- ・冬蟲夏草 5g
- ・桂圓 15g
- ・烏骨雞 1 隻
- ・生薑 3 片
- ・枸杞 5g

作法：

1. 烏骨雞清洗乾淨，去頭尾、內臟、爪甲，切成大塊，川燙。
2. 所有材料放入湯鍋內，加水 2500 毫升，大火煮滾後，改小火煮 1.5 小時。
3. 最後用鹽調味即可。

陰虛體質

- 手足心熱，下午後更明顯
- 眩暈耳鳴
- 大便乾燥、便祕
- 舌紅苔少而乾
- 脈細數
- 形體消瘦
- 皮膚彈性差
- 毛髮枯焦
- 口乾舌燥
- 心煩失眠

● 陰虛體質

飲食原則：滋陰清熱潤燥

改善陰虛體質的飲食原則為「滋陰清熱潤燥」，應較多進食清補和滋陰的食材，且必須合理調配，以不傷陽氣為原則。

○ 宜：飲食宜清淡，可多食蔬果，酸、甘味的食物，以助化生陰液。

✕ 忌：辛辣、油膩和油炸香燥食物，以免燥熱之邪益盛，導致血和津液生化功能失調。

- 潤燥滋陰食材：絲瓜、黑白木耳、冬瓜、蓮藕、黃瓜、山藥、綠豆、豆腐、燕窩、海參、蓮子、芝麻、甘蔗、桃子、水梨等
- 潤燥滋陰藥材：麥門冬、天門冬、沙參、玉竹、百合等
- 禁忌食材：燒烤、油炸、麻辣口味的食物要少吃，還有像是羊肉、蝦、韭菜、辣椒、花椒、胡椒、蔥、薑、蒜、桂皮、龍眼、荔枝、瓜子等會引起上火的熱性食物，以及火鍋應該要盡量避免

麥門冬

玉竹

百合

沙參

火鴨雲耳拌海蜇

材料：

- 櫻桃鴨胸 1 副
- 紅甜椒絲 40g
- 海蜇皮 200g
- 熟白芝麻適量
- 川耳 100g
- 哈密瓜 50g

作法：

1. 鴨胸吸乾水分，以小火將兩面煎至金黃，放進預熱 200 度的烤箱，烤 10 ～ 15 分鐘。靜置 15 分鐘後，切粗絲備用。
2. 海蜇皮用溫度約 80 度的水，川燙 5 秒，撈起沖涼。用流動的水，沖 10 ～ 15 分鐘即可。
3. 川耳用冷水泡至脹發，剝成小片，熱水川燙後備用。
4. 取一大碗，加入鴨胸、海蜇皮、川耳、紅甜椒絲，用鹽、糖、醬油膏調味，再加入哈密瓜和少許香油拌勻，最後在上方撒上適量白芝麻即可。

陰虛體質藥膳湯品
沙參玉竹老鴨湯

材料：

- 沙參 50g
- 豬瘦肉 150g
- 玉竹 30g
- 蜜棗 2 顆
- 老鴨 1 隻
- 生薑 3 片

作法：

1. 老鴨清洗乾淨，去頭尾、內臟、爪甲，切成大塊，川燙。
2. 豬瘦肉切小塊，川燙。
3. 所有材料放入湯鍋內，加水 2500 毫升，大火煮滾，改小火煮 1.5 小時。
4. 最後用鹽調味即可。

痰濕體質

- 舌體胖大、多有齒痕、舌苔白膩
- 脈濡滑
- 體型浮腫
- 倦怠乏力，活動力差
- 臉部皮膚油脂多
- 汗多而黏
- 容易腸胃脹氣
- 噁心嘔吐
- 大便濕黏或軟便多

● 痰濕體質

【飲食原則：健脾化痰祛濕】

改善痰濕體質的飲食原則為「健脾化痰祛濕」。中醫學認為脾為生痰之源，脾虛失於運化會形成痰濕，故應進食較多健脾和祛濕的食材。此外，也要合理調配補氣的食物，以助臟腑之功能，增加抗病能力。

另外，痰濕還可細分寒濕和濕熱。寒濕指體內寒邪和濕邪之氣旺盛的人，應適量進食溫性食物，並多趁熱進食，避免生冷飲食，以防加重損害脾胃運化功能。濕熱則指體內痰濕日久鬱而化熱（濕濁長期困於體內，使體內氣機流動受阻，陽氣不伸，鬱結而化熱，熱與濕邪結聚流連不去），或是痰濕體質兼夾熱症體質，飲食宜清淡，少吃辛辣煎炸、肥膩厚味和甜味食物，以免加重情況。

痰濕體質除根據痰濕體質的飲食原則外，還應該適當留意兼夾體質的變化，調節食物性味比例。

○ 宜：飲食清淡，可適當進食有健脾、祛濕功效的食物。

✕ 忌：生冷食物和冷飲、辛辣煎炸、肥膩濃味和甜味食物。

- 利水排水食材：黃豆、冬瓜、白蘿蔔、蔥、蒜、紅豆、扁豆、竹笙、高麗菜、薏仁、紫菜、荸薺等
- 利水去濕藥材：茯苓、豬苓、白朮、蒼朮、山楂、白果等
- 禁忌食材：甘甜黏膩及冰冷、苦寒的食物少吃，例如西瓜、紅棗、李子、柿子、肥肉、苦瓜等

| 蒼朮 | 山楂 | 白朮 | 茯苓 | 豬苓 |

扁豆薏仁燉飯

材料：

- 扁豆 200g
- 雞腿肉 150g
- 熟薏仁 200g
- 白飯 300g
- 洋蔥 75g
- 蒜頭 25g
- 高麗菜 50g
- 紅甜椒 30g
- 高湯 150g

作法：

1. 扁豆切段；高麗菜切小片；洋蔥和蒜頭切碎；紅甜椒切小丁；雞腿肉切小塊。

2. 熱鍋加少許沙拉油，小火炒香洋蔥和蒜末，加入雞腿肉炒香，鍋中熗少許醬油增香。

3. 加入扁豆和高湯後調味，小火煮約 5 分鐘，加入熟薏仁、白飯、高麗菜，拌炒均勻，待湯汁略為收乾，拌入甜椒丁，即可起鍋。

痰濕體質藥膳湯品
蒼朮冬瓜豬骨湯

材料：

- 蒼朮 25g
- 澤瀉 25g
- 陳皮 3g
- 冬瓜 600g
- 豬排骨 500g
- 蜜棗 2 顆
- 生薑 3 片

作法：

1. 冬瓜去籽瓤，連皮切成大塊。

2. 豬排骨剁塊，川燙。

3. 所有材料放入湯鍋內，加水 2500 毫升，大火煮滾，改小火煮 1.5 小時。

4. 最後用鹽調味即可。

濕熱體質

- 身體強壯
- 面垢油光
- 易生痤瘡粉刺
- 身重困倦
- 口渴喜喝冷飲
- 大便黏滯
- 體味重
- 白帶色黃臭穢
- 舌紅苔黃膩
- 脈滑數

● 濕熱體質

飲食原則：利濕化濁、清熱解毒

　濕熱的治療，以利濕化濁、清熱解毒為原則；如濕重的以化濕為主，熱重則以清熱為要。

　濕熱體質者宜吃口味清淡，有利水、化濕效果，能補養脾胃、益肝養血的食物。此外，濕熱體質者還可採用宣透化濕和通利化濕的方式。宣透化濕是採取散熱、瀉火、解毒、去混濁黏液為主要方法。通利化濕是採取利水、清熱、滲濕、瀉下為主要方法。

○ 宜：飲食清淡，多吃甘寒、甘平的食物如綠豆、薏仁、芹菜、絲瓜、冬瓜、
　　　蓮藕等。

✕ 忌：戒菸、少喝酒，不宜暴飲暴食，避免甜食及肥膩的食物，少食辛溫助熱食，
　　　煎炸燒烤等食物。

- 溫熱退火食材：苦瓜、綠豆、冬瓜、絲瓜、高麗菜、白蘿蔔、蓮藕、豆腐等
- 清利濕熱藥材：蓮子、茯苓、薏仁、金銀花、茵陳、菊花等
- 禁忌食物：羊肉、辣椒、酒、胡椒及火鍋、油炸、燒烤等溫熱的食物

蓮子	茯苓	薏仁	金銀花	茵陳

海味田園蔬

材料：

- 草蝦仁 100g ・ 紅甜椒 25g
- 白玉苦瓜 50g ・ 黃甜椒 25g
- 澎湖絲瓜 50g ・ 高湯 100g

作法：

1. 蝦仁挑去腸泥，吸乾水分備用。其餘配料切成粗條狀。

2. 熱鍋加少許沙拉油，先將蝦仁小火煎熟，盛起備用。

3. 原鍋加入高湯煮滾，先將苦瓜煮軟，再放入絲瓜、紅黃甜椒、蝦仁，煮至湯汁略為收乾，調味，勾一點薄芡，即可起鍋。

濕熱體質藥膳湯品
蓮藕蓮子薏仁湯

材料：

- 豬尾骨 300g ・ 芡實 40g
- 蓮藕 400g ・ 蜜棗 2 顆
- 蓮子 30g ・ 生薑 3 片
- 薏仁 15g

作法：

1. 蓮藕洗乾淨，連皮切成厚片。豬尾骨洗淨川燙。

2. 所有材料放入湯鍋內，加水 2500 毫升，大火煮滾，改小火煮 1.5 小時。

3. 最後用鹽調味即可。

血瘀體質

- 形體瘦居多
- 面色晦暗
- 口唇暗沉或紫
- 眼眶發黑
- 容易出現瘀斑、刺痛
- 煩躁健忘
- 痛經或閉經
- 月經有血塊或月經淋漓不盡
- 舌體暗紫有瘀點
- 脈細澀或脈律不整

● 血瘀體質

飲食原則：行氣活血，化瘀止痛

改善血瘀體質的飲食原則為「行氣活血，化瘀止痛」，可多進食有活血祛瘀作用的食材。「氣滯則血瘀」可適度調配補氣和行氣的食物，「氣滯則通血瘀則行」，氣血自能運行通暢。

○ 宜：飲食清淡，多熱食。

✗ 忌：鹹食、生冷、冷飲和辛辣煎炸、肥膩濃味的食物。

- 活血食材：紅麴、醋、納豆、黑豆、黑糖、黃酒、白酒、葡萄酒等
- 活血藥材：山楂、丹參、川芎、紅花、桃仁、益母草、薑黃、三七等
- 禁忌食物：辛辣、燥熱及肥肉等滋膩之品

山楂

川芎

紅花

牡丹皮

紅麴焗肋排

材料：

- 豬肋排 600g
- 油菜 150g
- 紅麴粉 10g
- 冰糖 60g
- 醬油 30g
- 紹興酒 60g

作法：

1. 豬肋排洗乾淨、剁成適當大小塊。
2. 紅麴粉先用紹興酒調勻備用。
3. 熱鍋加入少許沙拉油，先將肋排表面煎香，加入高湯或清水，蓋過食材表面 (約 1000cc)。
4. 加入冰糖、醬油，大火煮滾後轉中小火煮 45 分鐘，直至筷子可輕易穿過肋排，加入調勻的紅麴粉與紹興酒，續滾 15 分鐘，關火悶 20 分鐘。
5. 油菜川燙後瀝乾，放入瓷盤，將滷好的肋排放在油菜上方，淋上少許的滷汁即可。

血瘀體質藥膳湯品

丹參三七龍骨湯

材料：

- 豬龍骨 500g
- 丹參 30g
- 三七（田七）12g
- 紅棗 6 粒
- 生薑 3 片

作法：

1. 豬龍骨洗乾淨、剁塊，川燙。
2. 將三七打碎。
3. 所有材料放入湯鍋內，加水 2500 毫升，大火煮滾，改小火煮 1.5 小時。
4. 最後用鹽調味即可。

氣鬱體質

- 面色晦暗或黃
- 抗壓性低
- 平常容易憂鬱寡歡
- 容易激動、常嘆氣
- 噯氣呃逆
- 咽部有異物感
- 乳房脹痛
- 痛經
- 舌質偏暗、苔薄白
- 脈弦

● 氣鬱體質

（飲食原則：疏肝理氣，安神解鬱）

改善氣鬱型體質的飲食原則為「疏肝理氣，安神解鬱」，應進食較多的解鬱和安神食材。同時，還須適度調配行氣的食物，增強疏通氣機的功能。「久鬱化火」，由於氣鬱的人容易上火，宜在需要時選擇性質稍微偏涼之品。但在選用具清熱作用的食材時，需要謹慎配搭，切不可過於寒涼。

○ 宜：飲食清淡。

✕ 忌：生冷食物、冷飲、刺激性飲料，以及辛辣、燥熱、煎炸、肥膩、濃味的食物。

- 疏肝解鬱食材：金針花、海帶、八角、茴香、瘦肉、大蒜、豆製品、乳製品、魚類、蕎麥、柳丁、柑橘類等
- 疏肝解鬱藥材：香附、鬱金、陳皮、佛手、青皮、玫瑰花
- 禁忌食物：不適合吃冰冷、寒性及加工食物

| 青皮 | 陳皮 | 香附 | 玫瑰 |

星洲炒米粉

材料：

- 米粉 150g
- 咖哩粉 10g
- 海帶 100g
- 火腿 100g
- 豆芽菜 70g
- 雞蛋 1 顆
- 青椒 35g
- 魚露 10g

作法：

1. 米粉用熱水川燙 15 秒，瀝乾。
2. 火腿、青椒、海帶切絲備用。
3. 熱鍋加入 1 大匙沙拉油，加入雞蛋，炒散盛起。
4. 原鍋加入 2 大匙高湯和 1 大匙沙拉油，將咖哩粉小火炒至香味散出，再放入火腿、青椒、海帶、豆芽菜拌炒均勻，加入米粉、魚露，拌炒均勻後加入炒好的雞蛋，即可起鍋。

氣鬱體質藥膳湯品
參柴陳皮瘦肉湯

材料：

- 黨參 35g
- 柴胡 15g
- 陳皮 15g
- 豬瘦肉 250g
- 蜜棗 2 顆
- 生薑 3 片

作法：

1. 豬瘦肉切塊，川燙。
2. 所有材料放入湯鍋內，加水 2500 毫升，大火煮滾，改小火煮 1.5 小時。
3. 最後用鹽調味即可。

特稟（過敏）體質

- 先天性或遺傳性的生理缺陷，對季節和氣候適應力差
- 皮膚：異位性皮膚炎、濕疹、蕁麻疹、劃紋症
- 上呼吸道：氣喘、過敏性鼻炎
- 藥物過敏

● 特稟（過敏）體質

飲食原則：益氣固表

中醫認為「邪之所湊，其氣必虛」，「正氣存內，邪不可干」，說明內因是發病的根據，外因是發病的條件。氣虛則肌腠疏鬆，衛外不固；正氣不足，最易受外邪侵襲，風邪外侵，客於肌表，就會發為過敏性疾病。所以過敏體質的人在調補時應該以益氣固表為原則，合理調補。

○ 宜：飲食宜清淡，避免食用各種致敏食物，減少發作機會。

✕ 忌：特稟體質人應忌食生冷、辛辣、肥甘油膩及各種「發物」，如魚、蝦、蟹、辣椒、肥肉、濃茶、咖啡等，以免引動宿疾。避免接觸致敏物質，如塵蟎、花粉、油漆等。

- **適合食材**：白扁豆、燕窩
- **適合藥材**：黃耆、紅棗、枸杞、山藥、石斛、靈芝等補氣滋陰補腎的食物
- **禁忌食物**：蕎麥、蠶豆、牛肉、鵝肉、鯉魚、蝦、蟹、茄子、酒、辣椒、濃茶、咖啡等辛辣腥羶食物及過敏原食物。所有食物忌燒烤炸辣

黃耆

紅棗

枸杞

山藥

靈芝

羊肚絲美人腿

材料：

- 羊肚 300g
- 茭白筍 150g
- 雞胸肉 75g
- 蔥段 30g
- 薑片 50g
- 蒜末 15g

作法：

1. 羊肚洗淨；薑切片、蔥切段備用。

2. 茭白筍去殼切條狀；雞胸肉切絲。

3. 羊肚、薑片及蔥段放入 1000 cc 滾水中，小火煮約 1 小時使羊肚熟軟取出，待涼後切成條狀備用。熱鍋爆香蒜末，加入雞絲、茭白筍略炒，加入 250g 高湯，煮滾調味，加入羊肚絲拌炒均勻即可起鍋。

特稟體質藥膳湯品
石斛燉雞湯

材料：

- 石斛 15g
- 土雞 1 隻
- 豬小排 200g
- 蜜棗 2 顆
- 生薑 3 片

作法：

1. 土雞清洗乾淨，去頭尾、內臟、爪甲，切成大塊，川燙。

2. 豬小排剁塊，川燙。

3. 所有材料放入湯鍋內，加水 2500 毫升，大火煮滾，改小火煮 1.5 小時。

4. 最後用鹽調味即可。

小常識

食物的「性味」可調和體內陰陽

「性味」一詞涵蓋了「性」和「味」，代表食物的屬性及滋味。食物也是這樣，而這包括了「四性」和「五味」。運用食物不同的性味，可以調整產婦的氣血陰陽及寒熱虛實，使坐月子時身體能得到正確的調養及修復。

常用「坐月子」藥材辨識

黨參

為常用傳統補氣藥，古代以山西上黨產的黨參為上品。有補中益氣、健脾益肺、生津止渴、養血生津的功效。

可用於脾肺氣虛、食少倦怠、氣血不足、心悸氣短、口渴欲飲、懶言氣短、四肢無力、腸胃脹氣、食欲不振等症，能有效增強產婦免疫力。

黃耆

為「補藥之長」，藥性較溫和，一般人多服也不至於有太大副作用。

黃耆性味甘微溫，有補氣固表，利水消腫的功效，可用於治療產後脾胃氣虛及中氣下陷的症狀，可有效增強產婦免疫力及提升產婦心肌收縮力，是常用的補氣中藥材。

續斷

補肝腎，強筋骨，止血安胎的效果。可用於孕婦肝腎虛弱，衝任失調的胎動不安等症。有補肝腎、調衝任、止血安胎的效果。

* 治胎漏下血，胎動欲墜或習慣性流產。常配桑寄生、菟絲子、阿膠等，如《衷中參西錄》壽胎丸。
* 治崩漏經多，可與黃耆、地榆、艾葉等同用，如《婦人良方》續斷丸。

白芍

對產婦有養血調經的效果，常配當歸、熟地同用，如四物湯；產後陰虛有火、惡露不止可配阿膠、地骨皮。白芍炒用有養血歛肝陰，緩急止痛的功用。

茯苓

利水滲濕，健脾安神。古人稱茯苓為「四時神藥」，茯苓自古被視為「中藥八珍」之一。茯苓的功效非常廣泛，不分四季。

茯苓健脾和胃，滲濕利水，可調理脾胃功能，將體內多餘濕氣帶出體內。由於藥性溫和，所以用於產後脾虛水腫型的患者效果佳。

肉桂

補火助陽，散寒止痛，溫胃溫經通脈。用於治療腎陽衰弱的子宮寒冷，腰膝冷痛，腹痛泄瀉等。為治命門火衰之要藥。

* 久病體虛氣血不足者，可在補氣益血方中，適當加入肉桂，能鼓舞氣血生長，所以一般腎陽虛型產婦會稍加肉桂溫胃散寒止痛。

中醫坐月子

杜仲

補肝腎，強筋骨，安胎氣的效果。杜仲為常用補益中藥，始載《神農本草經》，列為上品。對產後婦女體質虛弱，腎氣不固，腰痠背痛有非常好的效果，對慣性流產者或胎動不安都是必用藥材。

當歸

補血活血調經養血之功的四物湯，裡頭就含有當歸，其又被稱為「藥王」，可補一切虛勞，產婦產後必用。

當歸本身是芳香的，古人認為是血中氣藥，而引起女性朋友月經失調的原因常常是因為情緒，當歸對產婦既能補血養血，又能活血止痛，還能通經調經，特別適合月經不調、痛經及產後子宮失調功能等病證，被古人稱為「婦科專藥」。而且，當歸對女性還有護膚美容，養血去斑的功效呢！

* 當歸含有豐富的油脂，也可以潤腸通便，腸胃功能不佳宜慎用。

炒白朮

白朮有補氣健脾、燥濕利水功效。對孕婦有安胎的作用，古書有云：「黃芩、白朮，為安胎之聖藥」。

主要用於產婦脾胃氣虛，運化無力，食少便溏，脘腹脹滿等證，可用於產婦脾胃虛弱，運化功能失調，透過健脾補氣達到安胎之效。

熟地

補血滋陰，益精填髓。用於產後血虛心悸、眩暈耳鳴、失眠、惡露不調、崩漏等症。為補血要藥及滋陰主藥。

* 常與當歸、白芍同用，並隨證配伍相應的藥物。是四物湯、六味地黃丸的主要藥材。

* 《綱目》記載可治胎產百病，為產後必用之藥。

炙甘草

炙甘草的主要功效是補脾益氣，和中緩急，調和諸藥。常用於脾胃虛弱，倦怠乏力，心動悸，脈結代，可解附子毒。

現代藥理有抗炎止痛，調節免疫系統的效果，著名方劑「炙甘草湯」，對產後陰血不足，血不榮心及虛煩少眠，有一定療效。

川芎

活血行氣，祛風止痛。用於血瘀氣滯的痛證。

本品辛散溫通，既能活血，又能行氣，為「血中氣藥」，能「下調經水，中開鬱結」，亦可治療產後風寒。

* 若產後惡露不行，瘀滯腹痛，可配當歸、桃仁等，如生化湯。

阿膠

補血，止血，滋陰潤燥。

用於血虛萎黃，眩暈、心悸等。為補血之上品。

* 常與熟地黃、當歸、黃耆、黨參等補益氣血藥同用。
* 用於多種出血症。止血作用良好。
* 對出血而兼見陰虛、血虛證者，尤為適宜。

常見「坐月子」養身茶飲

杜仲茶

材料　杜仲 5 錢、紅棗 10 顆、麥門冬 3 錢

作法　將藥材放入鍋中，加 1500 cc水，以大火煮沸後，轉小火煮至約剩 1200 cc即可。

功效　補肝腎，強筋骨，增強免疫力。

養肝茶

材料　紅棗 10 顆、枸杞 3 錢、麥門冬 3 錢

作法　將藥材放入鍋中，加 1200 cc水，以大火煮沸後，轉小火煮至約剩 900 cc即可。

功效　養肝護肝，補氣養血，幫助肝臟提高解毒能力。

黑豆茶

材料　黑豆

作法

1. 將黑豆炒香，用密封罐子裝。

2. 煮一鍋熱水，將黑豆放入，煮個幾分鐘，等到顏色大約呈淡紅色，即可放入保溫瓶。喝完水，可順便將黑豆嚼碎吞下 (若太硬就不要吃)。

3. 每天取一定黑豆量，煮完一天飲用的分量，用保溫瓶裝起來。切記要喝溫熱的黑豆茶！

4. 放黑豆的密封罐不要放在冰箱，免得拿出來回溫的過程黑豆受潮。可在密封罐裡放乾燥劑。

5. 服用後有口乾舌燥上火現象，須減量停止服用。

肉蓯蓉茶

材料 肉蓯蓉 30 克、蜂蜜 15 克

作法

1. 將肉蓯蓉加入 600cc 水，先以大火煮滾，再以小火煮 15 ～ 20 分鐘即可，去渣取汁。
2. 待涼加蜂蜜即可飲用。

功效 肉蓯蓉性溫，味甘，除了潤腸通便外還具有補腎益脾生髓作用。

消腫瘦身茶

材料 黨參 2 錢、黃耆 2 錢、茯苓 4 錢、益母草 3 錢

作法 將藥材放入鍋中，加 1500 cc水，以大火煮沸後，轉小火煮至約剩 1200 cc 即可。

功效 利水消腫，益氣溫陽。

疏肝通乳茶

材料 當歸 3 錢、黃精 5 錢、柴胡 2 錢、木通 2 錢、去籽紅棗 3 顆

作法 將藥材放入鍋中，加 1200 cc水，以大火煮沸後，轉小火煮至約剩 900 cc 即可。

功效 疏肝解鬱，補氣血、通經絡。

健脾消脂飲

材料 茯苓 3 錢、丹參 2 錢、山楂 2 錢、荷葉 2 錢

作法 將藥材放入鍋中，加 1500 cc水，以大火煮沸後，轉小火煮至約剩 1200 cc 即可。

功效 健脾利濕，活血化瘀，消食化積。

坐月子期間「食材挑選」原則

產後飲食挑選三階段

《第一階段》：自然產後第 1 週，剖腹產後第 1、2 週。此階段傷口未恢復，食物應以清淡為主，以魚湯、雞湯為主，不要加入人蔘、麻油、酒等，以避免增加傷口發炎或大出血的機會。

《第二階段》：自然產後第 2 週以後，剖腹產後第 3 週。此階段可以開始吃少量麻油料理的食物，例如麻油雞。

《第三階段》：自然產後第 3 週，剖腹產後第 4 週以後。此階段可以開始吃含有米酒的料理。

● 適宜的膳食

- 蔬菜：菠菜、紅菜、紅莧菜、紅蘿蔔、高麗菜、茼蒿、綠椰菜、皇宮菜
- 水果：櫻桃、蘋果、芭樂、葡萄、桑椹、木瓜、草莓、水蜜桃、柳橙
- 蛋白質：雞肉、雞蛋、魚、溫牛奶、豬肚、豬肝、腰子、牡蠣、蝦

小常識

產婦生產後體質多為虛、寒及瘀

1　虛—經過懷胎十月，在分娩過程中，用盡所有氣力及流不少血才產下嬰兒，這對產婦可說氣血兩虛，元氣大傷。

2　寒—產後百節空虛，氣血虛弱，身體抵抗力不足，最易受風寒入侵，尤其是關節處。所謂「邪之所湊，其氣必虛，最虛之處，是客邪之所。」

3　瘀—自然生產後，仍有惡露未排乾淨，這些瘀血如未排盡，就會造成日後腹痛及多種病變。

產後膳食的禁忌

1. 生冷、寒涼食物為絕對禁忌。

   此類食物有：涼飲、冰品、水梨、柚子、葡萄柚、西瓜、哈密瓜、椰子、硬柿子、蓮藕、綠豆、苦瓜、黃瓜、絲瓜、冬瓜、蕃茄、白蘿蔔、大白菜、豆腐、海帶。

2. 烤、炸、辣，刺激食物不可吃。

   此類食物如：咖啡、濃茶、辣椒、咖哩、醃漬品、胡椒、沙茶醬等。

3. 少吃酸性食物，如醋、酸梅、檸檬。

4. 少吃鹽及醬油等太鹹的食物。

5. 少吃太過油膩及不好消化的食物。

6. 食物及水一定要煮熟煮沸，不要吃生菜及生魚片。

7. 食物一定要溫熱食用，不要吃冷飯、冷菜。

8. 傷口若有紅腫疼痛時，禁吃麻油、酒煮的食物。

9. 傷口未恢復前不可吃蝦子、螃蟹等甲殼類的食物。

總而言之，坐月子期間，食物的選擇盡量以屬性平和、溫性或涼潤食材為主，相對上比較不寒不燥，具有補血養血、涼潤解毒等不同功用，適合大部分體質產婦食用的食物。

其中溫性食材具有溫補氣血、補腎助陽散寒作用，可有效改善疲勞、強壯骨骼、增強抵抗力及溫暖四肢末梢等功用；涼潤的食材具有生津止渴、養顏美容、增加乳汁分泌的功用。

中醫坐月子

小常識

坐月子必知重點

坐月子的最早記載可追溯到西漢的《禮記內則》，距今已有兩千多年的歷史。「月內」是產後必須的行為，實際上就是現代醫學上所指的產褥期，從分娩結束到身體恢復至孕前狀態的一段時間（約產後 6 週）。坐月子就是通過特別的護理及調養，使產婦身體恢復至孕前狀態。

其中又以「產後坐月子期間」最為關鍵！因為母體為了孕育寶寶，生理構造與生理機能會大幅改變以養胎，又經歷自然產或剖腹產後，氣血大虛，故須有 30 ～ 40 天的坐月子期，讓母體能好好進行修復，以恢復原本功能。

中醫產後調理

女人調理體質最重要的三個時期，就是青春期、產褥期（坐月子期間）及更年期！

產後調理基本原則

1. 調溫度
   - 避免吹冷氣。如空氣流通差一定要吹時，冷氣須恆溫設定並不可對風口，慎防風寒。
   - 禁爬樓梯、翹腳、彎腰、蹲姿、屈膝、盤坐等姿勢。

2. 調飲食（請參閱坐月子飲食章節）

3. 調二便
   - 產後以休息為主，尤其因身體虛弱，前 2 週更須多臥床休息，不宜過早勞動，否則氣虛下陷易致子宮脫垂。
   - 除休息之外，也須稍微運動，使氣血循環順暢，脾胃運化正常，才不致造成日後肥胖。

4. 調作息
   - 睡眠要充足，不宜熬夜或過度操勞，不宜久坐，多躺臥休息。

5. 調情緒
   - 產婦要保持心情愉快，氣血循環通暢，才不會造成乳汁不通，或肝氣不舒暢而致胸悶脅肋痛或惡露排不盡。

6. 注意清潔
   - 注意陰部及肛門清潔。
   - 外陰保持清潔才不會造成感染。產後若陰部傷口未癒，宜避開性生活，才不致疼痛，或遭受感染。

7. 其他
   - 可使用束腹帶：幫助剖腹產者傷口癒合及預防臟器下垂。

- 禁止過度使用電子產品，如電視、手機、電腦等。
- 產後氣血虛弱，想要服用中藥調理，一定要請教專業合格的中醫師，根據產婦身體開立處方，才能對症補養。

簡便的水藥調養特色

1 食補在產後的補養上有它的限制，水藥可以有效補強。

2 透過中藥調理，可有效改善產婦產後的不適症狀（產後缺乳、產後腰痠、子宮下墜感、睡眠不佳、產後痔瘡、口乾舌燥、傷口發炎、便祕等）。

3 由專業的中醫師針對產後不適及需求，可開立專屬產婦的月子調理方。

4 早晚水藥調理，可活血化瘀，補氣養血，補腎調肝，補而不燥。

5 可在坐月子的黃金週期，循序漸進重建完美體質。

坐月子中藥調理四階段

第一階段：去瘀血、生新血

產後體質多虛多瘀，氣血大虛，瘀血停滯於子宮，故著重於去瘀生新，使子宮內的瘀血能有效排除、促進子宮收縮與復舊，減緩產後下腹疼痛的症狀。

代表方劑

生化湯

材料	當歸、川芎、桃仁（去皮尖）、黑薑、炙甘草，用黃酒煎服（古法有加童便各半煎服）。

功效　排瘀血、生新血、促進子宮收縮。
自然生產者 產後 3 天後，服用約 7 ～ 10 帖。
剖腹生產者 產後 5 天後，服用約 5 ～ 7 帖。

中醫認為：「產後氣血暴虛，理當大補，但惡露未盡用補須防滯血，乃生之而且化之，能生能化，攻血塊無損元氣，行血中又帶補血，方許萬全。」

小常識

生化湯

1 **生化湯的兩種使用時機及功能**
   - 產後：幫助惡露排出
   - 經期：幫助經血排出

並有助於血瘀造成的經量過少、血塊及經痛。生化湯另可促進乳汁分泌，可於餵乳前半小時服用。

2 **什麼情形不宜服用生化湯？**

不正常出血的可能性（例如血小板減少症）。

任何感染，如：呼吸道感染（感冒、咽痛、發燒、發炎反應）、泌尿道感染（排尿痛、發燒）、子宮感染（惡露黏稠味道不佳）。

* 有任何出血或發炎反應不宜使用，請徵詢專業中醫師。

3 **服用生化湯應注意事項**
   - 如因惡露排出過量不止或腹痛甚，就要停服生化湯，並須就醫找出病因。
   - 如有腹瀉亦要停服，因為當歸有潤腸作用，桃仁亦有潤腸作用；對素有便祕者，則生化湯有助便祕。
   - 生化湯的組成以溫熱藥為主，因此要注意服用後是否有傷陰或化熱的情形，像是口乾舌燥、五心煩熱、傷口發炎或者便祕、失眠等。
   - 如已服用西醫子宮收縮劑，則停止服用生化湯，以免過度活血化瘀後造成血崩現象。

* 因生化湯有活血成分，建議諮詢專業醫師後加減用藥。

● 第二階段：補氣養血，通乳汁，修復子宮內膜

產後氣血大虛，身體也因消耗大量體液，乳汁往往無法順利排出。此時會以補氣養血藥物為主，以促進乳汁順利排出。

代表方劑

八珍湯加減

材料　　當歸、熟地、白芍、川芎、黨參、
　　　　白朮、茯苓、甘草

功效　　・當歸、熟地、炒白芍、川芎、紅棗
　　　　　可補血養血，滋陰潤燥
　　　　・黨參、白朮健脾養胃
　　　　・茯苓利水消腫健脾
　　　　・阿膠養顏美容滋陰補血
　　　　・黃耆補氣增強免疫力
　　　　・枸杞養肝明目
　　　　・麥門冬、玉竹滋陰潤燥，增加乳汁分泌
　　　　・通草保持乳腺暢通

使用時機　生產後服生化湯，結束後開始服用，連續服用 10 帖。

● 第三階段：健脾補氣養血，消水腫修復子宮內膜

此階段產後氣血仍虛，全身循環低下，水氣大量蓄積，此時輔以健脾理氣，養血養肝，利濕消腫中藥材，可促進腸胃系統功能，養血調肝，修復子宮內膜，補氣，利水氣，消水腫的功效。增加卵巢子宮功能修復，預防產後水腫，恢復窈窕身材。

代表方劑

四神湯加減

材料　　山藥、芡實、茯苓、蓮子、薏仁、
　　　　澤瀉、白朮、當歸、紅棗、黨參、
　　　　熟地、杜仲

● 第四階段：調肝補腎，強腰膝，壯筋骨，強五臟六腑

著重在中醫所謂的調肝補腎、強腰膝、壯筋骨方面。會使用一些大補腎氣的藥物來調肝補腎壯筋骨，幫助骨盆腔的復原，可預防腰痠背痛、骨質疏鬆。補腎藥還可促進卵巢功能恢復，調理荷爾蒙的分泌，使產後月經規律，並可預防產後掉髮。

代表方劑

十全大補湯合六味地黃丸加減

材料　黨參、黃耆、白朮、杜仲、續斷、阿膠、茯苓、肉桂、熟地、山藥、炒白芍、山茱萸、枸杞子、龜鹿二仙膠、粉光蔘

產後飲食規範

● 補充均衡的營養

1. 熱量及蛋白質

產婦分娩過程會消耗熱量，氣血大虛後需要充足的熱量才能恢復體力。蛋白質能促進身體機能的恢復，增加母乳的質跟量。

* 可多食雞肉、瘦肉、魚及動物的內臟如肝、腎。

2. 水分

產婦分娩過程中會大量流失體內水分，所以在分娩後應立即補充水分。在整個產褥期，甚至哺乳期，應多補充適量的水分，有利於身體機能恢復和促進乳汁分泌。

3. 維他命 B1、C、D 豐富食物

產婦對維他命需求量較高，蔬菜、水果等富含這些維生素，並可幫助產婦排便順暢。

4. 含礦物質食物

生產期失血多，宜多吃豬血、豬肝、瘦肉、魚、金針菜、龍眼肉等含鐵較多的食物。為避免骨質疏鬆，應多吃牡蠣、牛奶、雞蛋、黃豆及豆製品、魚、蝦、干貝、豬骨頭湯。

● 適宜的食材

1. 五穀

   全麥類食物，或糙米飯、黃豆、扁豆、花生、核桃、腰果等核果類。

2. 蔬菜

   紅蘿蔔、紅鳳菜、紅莧菜、菠菜、芥藍菜、地瓜。

3. 水果

   酪梨、木瓜、櫻桃、葡萄、蘋果、紅棗、芭樂、桃子。

4. 蛋白質

   溫牛奶、雞蛋、魚類、雞肉、豬肚、豬肝、腰子、牡蠣、紅蟳。

小常識

產後 1 個月飲食

1 **產後第 1 ～ 6 天**

   飲食以清淡、高蛋白為主。如：雞湯、魚湯、排骨湯。

2 **產後第 7 ～ 13 天**

   可以開始吃麻油配煮的料理，如：麻油炒桂圓、麻油炒豬肝、麻油炒腰
   子、杜仲腰子湯。

3 **產後第 14 天以後**

   可以開始吃含酒的料理，如：麻油雞。

● 飲食禁忌

1. 忌酸性食物及調味品。

2. 忌生冷及寒涼食物。

3. 少用鹽，食物以清淡為主。

4. 食物一定要煮熟，即使適宜的水果也不宜吃太多。

5. 食物一定要溫熱食用。

6. 忌燒、烤、炸、辣、刺激性、口味重、不易消化的食物。

7. 少用精緻糖。

8. 傷口若有紅腫疼痛時，禁吃麻油、酒煮食物、蝦、蟳。

9. 均衡攝取六大類食物，不可偏食，不宜罐頭類食品，多選用新鮮食物為原則。

中醫坐月子

🍶 中藥沐浴

可用荊芥、防風、黃耆煮開後，加入熱水中為沐浴用水，有預防感冒及緊縮毛細孔的功效。

● 荊芥

功效

發散風寒，祛風止癢。

荊芥水煎劑可增強皮膚血液循環，對體溫有調節作用，可去除體表風寒。

● 防風

功效

既可發散肌表風邪，又可除經絡濕氣而止痛，煮汁沐浴可預防產婦受風寒及受風寒引起的骨節痠痛。

● 黃耆

功效

補氣升陽，益氣固表，促進產婦產後毛細孔收縮及預防感冒的功效。

● 民間常用草藥：大風草

「大風草」是客家話的俗名，學名叫「艾耐香」，植株高約兩公尺，屬於灌木。

功效

祛風除濕、溫中止痛、活血化瘀，一般常用於預防產後受風寒。為台灣民間常用中草藥，主要用於產婦外用擦澡或洗澡。

中醫其他產後症狀調理

產後水腫

產褥期內常出現下肢甚至全身水腫的現象，稱為產後水腫，分為生理性與病理性兩大類。

產後生理性水腫：普通生理性的水腫，多因產婦飲食不均衡所引起，或因本身血液循環功能不佳或短暫的排尿不暢引起。

產後病理性水腫：包括有妊娠毒血症、妊娠糖尿病、妊娠高血壓、妊娠腎臟病等，都會造成孕期甚至產後嚴重的水腫現象。

1. 產後水腫症狀
   - 一般表現為下肢甚至全身水腫。
   - 同時伴有心悸、胸悶氣短、四肢無力、尿少。
   - 常伴有食欲不振、頭暈頭痛、四肢疲倦等。
2. 產後水腫居家護理
   - 吃清淡食物，控制鹽的攝取量。
   - 少吃容易引起腹脹的食物，如豆類、甜食、糯米類，造成脾濕引起的水腫，且腸胃腹脹也會造成血液回流不暢，加重水腫症狀。
   - 不可過度勞累，中醫認為「勞倦傷脾」。

產後水腫茶飲調理

生薑紅糖水

材料　生薑 5 片、紅糖適量

作法　薑片與紅糖放入鍋內，加入 800cc 水，大火煮沸，再改用小火續煮 20 分鐘，溫熱飲用。

功效　祛風散寒，活血祛瘀，行水消腫。

中醫坐月子

薏仁紅豆湯

材料 薏仁 60 克、紅豆 60 克、紅糖適量
作法 薏仁、紅豆浸泡熱水 10 分鐘後，大火煮約 20 分，溫熱飲用。
功效 益氣養血、利水消腫。

山藥紅棗粥

材料 淮山藥 30 克、茯苓 60 克、大棗 10 枚、
梗米 60 克
作法 淮山藥、茯苓、大棗用清水浸洗；梗米
洗淨；將全部材料放入鍋內，加水煮約
50 分至 1 小時即可食用。
功效 補益肺腎，健脾利濕。

穴道按摩

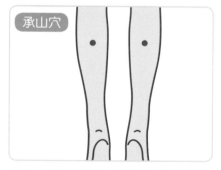

承山穴

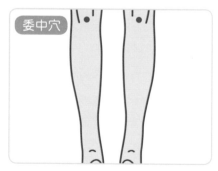

委中穴

功效：利水消腫，舒筋活絡，亦可治療腰背痠痛，下肢水腫。
位置：位於小腿後正中，當站直踮腳尖時，小腿腓腸肌肌腹下出現凹陷處。
按摩方法：輕輕地按揉穴道，以感覺到痠脹微痛為宜，每次按壓 5 秒後停，重複 30 下，一日數次。

功效：舒筋通絡、散瘀活血。可治療產婦腰膝痠痛，下肢水腫。
位置：位於膝蓋後方正中央的膝窩處。
按摩方法：兩手拇指端按壓兩側委中穴，力度以微痠痛為宜。一壓一鬆為 1 次，連續 30 次，一日數次。

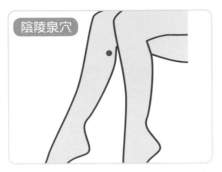

陰陵泉穴

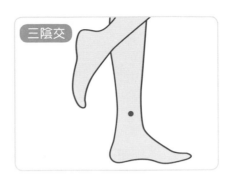

三陰交

功效：健脾理氣、利水消腫、通經活絡。

位置：位於小腿內側高起如陵的脛骨內側、髁後下凹陷似泉處。

按摩方法：用拇指指端按壓穴位，重複 30 下，一日數次。

功效：有健脾理氣、行氣利濕，消水腫及疏肝理氣的效果，是非常重要的婦科穴道，常按摩此穴對所有婦科疾病具有療效。

位置：腿內側，足內踝尖上 3 寸，脛骨內側緣後方凹陷處。

按摩方法：用拇指或食指按摩穴道，重複 30 下，一日數次。

產後脫髮

　　產後脫髮常發生在產後 2 ～ 7 個月之間，特徵為自髮際線處脫髮，使前髮際線後退或界線不清，整體頭髮變稀，醫學上稱這種現象為「產後脫髮」。資料顯示，約有 35％～ 40％的新媽咪在坐月子期間會有不同程度的脫髮現象。

產後脫髮居家護理

- 多補充蔬果、豆類及豆製品、奶蛋類等，以提供頭髮生長之營養。
- 洗頭時可用指腹輕輕地按摩頭皮，有利於頭皮的新陳代謝，促使新髮盡快生長。
- 利用木梳梳頭按摩，也有助於頭髮的生長。

中醫觀點

　　「髮者血之餘」，產後婦女氣血俱虛，肝腎虛弱，如沒有足夠休息，會造成產後婦女掉髮嚴重的困擾；生理及心理上的壓力，哺乳、睡眠各種主客觀的因素都會造成產婦大量掉髮。中醫以補益氣血、調補肝腎、疏肝解鬱等方式治療。

芝麻核桃粥

材料　糙米、黑芝麻、白芝麻、核桃仁、白糖
　　　適量

作法　將糙米、黑芝麻、白芝麻、核桃仁分別
　　　清洗乾淨；再把糙米放入清水中浸泡 1
　　　小時。所有材料一同放入煲中，加入適
　　　量水，先用文火煮開，然後改小火熬煮
　　　約 1 小時，加入白糖拌勻即可食用。

補腎生髮茶飲

材料　何首烏、枸杞、紅棗、黃精各 10g

作法　以 1200cc 同煮，水滾後再煮 10 分鐘，
　　　即可服用。

· 先用大齒的梳子理順頭髮。先梳髮梢，然後逐漸向上，最後從髮根至髮梢。
  再用細密齒梳梳理，頭髮會更順滑。

· 梳髮的時候，從髮根要稍用力，梳齒要接觸到頭部皮膚，這樣才有助於促
  進血液循環，並使頭皮油脂到達髮絲。

· 選擇合適的梳子對頭髮也很重要。用天然物料做成的梳子，如角梳、木梳，
  和頭髮的摩擦較少，能防止靜電產生。用天然鬃毛做的毛刷，更能把髮根
  部位的油脂帶至髮梢，滋潤頭髮，增加光澤。

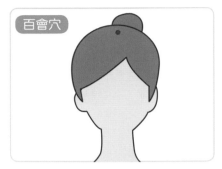

百會穴

功效：升陽益氣，增加頭皮毛囊循環。

位置：兩耳尖直上，頭頂正中處。

按摩方法：利用拇指關節搓揉穴上，每次 10 秒，重複 30 下，一日數次。

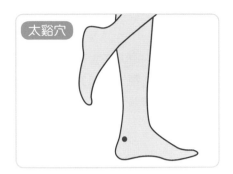

太谿穴

功效：益腎長髮，滋陰。

位置：內踝尖與跟腱外緣連線的中點。

按摩方法：用拇指揉按穴上 10 秒後停，有感覺到痠脹即可。重複 30 下，一日數次。

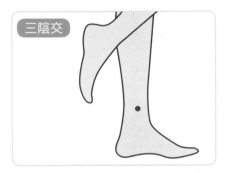

三陰交

功效：養血和血，調暢全身血液循環，對產後脫髮功效佳。

位置：腿內側，足內踝尖上 3 寸，脛骨內側緣後方凹陷處。

按摩方法：用拇指或食指按壓 10 秒後停，使局部產生痠脹感。重複 30 下，一日數次。

中醫坐月子

產後貧血

原因

產婦在生產過程中大量失血，造成氣血的新陳代謝率較低、血液生成速度放慢，或懷孕時就已經貧血，卻未採取有效手段對貧血症狀進行糾正，加上生產時的失血，導致貧血更為嚴重。

中醫認為產後氣血虛弱，是造成貧血的主因，加上產後勞倦過度—「勞倦傷脾」，脾胃為氣血生化之源，亦會造成氣血不足，造血功能低下而產生貧血。

症狀

1. 輕則面色蒼白、渾身無力、頭暈、心悸等。

2. 重則抵抗力下降，容易發生產褥期感染、發熱等症狀。

3. 更甚者可導致韌帶鬆弛而發生子宮脫垂、內分泌失調、經期延長等疾病。

4. 末梢血液循環不良，伴有頭暈、疲倦乏力、面色蒼白、食欲不振的情況，冬天感到手腳冰冷、四肢發麻。

產後貧血的飲食調理

1. 多吃些富含「造血原料」的營養食物，如牛肉、動物肝臟、豬血、海參、烏魚、牡蠣、蛋類、瘦肉、豆類、黑木耳、紅棗等。

2. 多吃補血食材及水果，如：菠菜、芥藍菜、紅鳳菜、紅蘿蔔、香菇、莧菜；水果如：櫻桃、葡萄、桑椹、蘋果、木瓜、蔓越莓等。

3. 中藥類食材，如：四物湯、八珍湯、十全大補湯都是補氣養血，治療貧血的最佳藥材，但是仍須詢問專業中醫師調理。

4. 避免喝濃茶、咖啡。

5. 生活要有規律，可適當進行運動，但要避免過度勞累。

雞肝粥

材料　雞肝、白米各 100 克、蔥花、薑末、鹽
　　　等適量

作法

1. 將雞肝洗淨切片，與淘淨的白米同放鍋中。
2. 加適量清水煮為稀粥。煮熟時調入少量蔥
　 花、薑末、鹽，再稍煮沸即可。

功效　雞肝中鐵質豐富，是常用的補血食材，
　　　可助產婦補血，改善貧血狀況。

當歸燉羊肉

材料　羊肉、生薑、當歸、黃耆、枸杞
作法　將羊肉入鍋加水，與生薑、當歸、黃耆、
　　　枸杞等一同燉熟即可食用。
功效　可輔助食療產後出血、產後貧血等症。

產後多汗

　　從醫學角度而言，產後出汗多是正常的生理調節現象。媽媽為了滿足胎兒生長發育的需求，懷孕期間循環血容量較孕前增加，同時，伴隨荷爾蒙影響，能量代謝加快，大量水分和鈉滯留。

　　胎兒娩出後，身體啟動調節機制，將體內多餘的水分與東西排出去，產後 1 週左右自行好轉。

症狀

・產後多汗，並且伴有乏力倦怠，稍活動一下，出汗就更多，不思飲食，食欲差，面色蒼白，舌質淡，舌苔薄白，脈搏慢且弱。

- 中醫將產後汗症分為自汗和盜汗。
1. 產後氣虛，出汗較多，不能自止，動則益甚，為產後自汗。
2. 陰虛內熱，常在睡熟時出汗，醒後即止者，為產後盜汗。

居家護理

1. 營養均衡，多補充水分，以補充體內水分的流失。
2. 注意室內溫度，可控制在 25 ～ 27 度之間。
3. 適當通風換氣，保持空氣新鮮。
4. 囑咐新手媽咪應多洗澡、勤換衣。
5. 產後若身體無不適，可以及早起床活動。適當活動有利於子宮及體力的恢復，也可以儘快緩解產後出汗的症狀。

產後自汗茶飲調理

當歸黃耆飲

材料　當歸、黃耆、白芍、生薑
作法　將上述藥材加水一碗半，煎至一碗，溫服。
功效　適用於產後自汗。

產後盜汗食療調理

地黃豬腎粥

材料　生地黃、豬腎 1 對、米、鹽、蔥白各適量
作法　將豬腎、生地黃洗淨，切小片，與米拌和入鍋加水，且加入適量鹽、蔥白煮粥食用。
功效　適用於產後虛汗、發熱。

產後憂鬱

多數婦女在產後 2～4 天會出現輕度憂鬱的狀態，一般不會超過 2 週。主要的情緒表現是易哭、煩躁、疲憊、心情低落、易怒，對嬰兒出現喜怒無常的矛盾反應，認為無法負起照顧嬰兒的責任。在生理方面則會表現頭痛、失眠、作惡夢等。只要家人和周邊支持系統完善，大都可以完全消失，不必治療。

中醫認為產後憂鬱症與肝氣鬱結有關，主要會用疏肝解鬱的治療方式來緩解產後憂鬱，一般都有非常好的效果，常用如：加味逍遙散、柴胡疏肝湯、甘麥大棗湯等都有極佳效果。

症狀

產後抑鬱常見症狀是持久的情緒低落，表現為表情陰鬱，無精打采、精神疲倦、易流淚和哭泣、煩躁易怒，對各種娛樂或令入愉快的事情體驗不到愉快，對日常活動缺乏興趣，自卑感重、自責或對家庭內疚感，很難專心意志工作；且有失眠、頭痛、身痛、頭昏、眼花、耳鳴等情況。

小常識

產後憂鬱

產後憂鬱症是女性懷孕生產後常見的疾病之一。主要由於女性生產之後，內分泌系統紊亂、身體負擔過大，及心理變化所帶來的身體、情緒、心理等一系列變化所致。

原因

1. 內分泌變化—產後體內激素急遽變化，導致情緒波動和生理性改變。

2. 懷孕期間有過嚴重的情緒波動，如搬家、離婚、親友去世等。

3. 來自家人親戚或朋友的親情壓力或經濟壓力。

4. 新生寶寶的生理狀況。

中醫坐月子

1. 多吃可調節抑鬱的食物。例如：深海魚、香蕉、牛奶、葡萄柚、菠菜等。

2. 多吃些甘甜的食物，如：紅棗、葡萄乾、香蕉、黑棗、桂圓、紅糖等，甜食可以使入產生愉悅感。

3. 少吃含咖啡因的食物。

4. 辛辣刺激性食物也應盡量避免。

產後憂鬱食療調理

百合粥

材料 百合 30 克、白米 100 克、冰糖適量

作法

1. 百合、白米洗淨。

2. 將百合、白米一起放入鍋中，加適量清水煮粥。

3. 煮至粥熟時調入冰糖，再煮沸即可。

功效 具有潤肺止咳、清心安神的功效，適用於產後虛煩失眠、多夢等。

產後憂鬱茶飲調理

疏肝解鬱茶

材料 甘草、浮小麥、紅棗、玫瑰花各等分

作法 1000cc 水滾後，再加入上述藥材煎煮 15 分鐘，即可服用。

參考書目

- 產科護理學（二版）（2014）‧盧碧瑛等‧台北華杏
- 鑰孕：好孕體質這樣調！權威中醫最想告訴你的養孕祕方，健康順產、告別不孕‧陳建輝、劉筱薇‧城邦文化
- 瘦出好體質！一輩子受用的中醫享瘦聖經‧陳建輝、蕭善文‧城邦文化
- 坐好月子找中醫（2009）‧陳潮宗‧聯經出版公司
- 本草備藥‧（清／汪昂）‧人民衛生出版社
- 中醫護理學‧高宗桂等‧知音
- 中醫藥物學‧黃志清‧華香園
- 針灸科學‧作者黃維三‧正中書局
- 醫宗金鑒：刺灸心法要訣‧新文豐
- 本草綱目‧國學書院系列編委會‧西北國際
- 針灸大成‧明／楊繼洲、中醫師李坤城新編‧志遠書局
- 人體經穴全書‧楊騰峰‧商周出版
- 實用產科護理學（七版）（2014）‧李從業等‧台北華杏
- 婦嬰護理學（2002）‧陳彰惠等‧國立空中大學
- 產科護理學（七版）（2014）‧余玉梅總校‧台北新文京
- 孕產婦關懷網站‧衛生福利部國民健康署（2011 年 10 月 17 日）‧國民健康署母乳哺育教戰手冊‧摘自 http://health99.hpa.gov.tw/EducZone/edu_detail.aspx?CatId=21695

- 圖解產科護理學（2015）‧芳宜珊、高湘寧‧台北五南
- 實用兒科護理學（六版）（2010）‧陳月枝總校‧台北華杏
- 嬰兒按摩：寶寶的身心打造工程（2003）‧能登春男‧新北市上英
- 完全按摩寶典（2013）‧徐其昭譯‧台北合記
- 新生兒父母手冊（三版）（2011）‧劉慧玉等譯‧台北遠流
- 睡得好的寶寶最優秀（2011）‧賴妙淨譯‧台北如何
- 每個孩子都能好好睡覺（2014）‧嚴徽玲譯‧台北天下
- 兒童健康手冊（2017 年 7 月）‧衛生福利部國民健康署‧摘自 https://www.hpa.gov.tw/Pages/EBook.aspx?nodeid=1139
- 嬰兒按摩：嬰兒按摩與幼兒體操實用指南（1999）‧Peter Walker 原著、高麗芷譯‧信誼文化
- 中醫婦科學（1994）‧羅元愷等編著‧台北知音
- 坐月子體質調教聖經（2013）‧徐慧茵著‧台灣廣廈有聲圖書有限公司
- 九種體質解密‧王琦、田園著‧台北知音
- 幸福媽咪月子保養書（2014）‧路博超等編著‧青島出版社
- 翟桂榮每日指導坐月子就該這樣吃（2016）‧翟桂榮編著‧北京中國輕工業出版社
- 翟桂榮每日指導坐月子飲食護理 + 新生兒養育（2016）‧翟桂榮、任儀蓀編著‧北京中國輕工業出版社

2AF715X 〔暢銷修訂版〕

產婦‧新生兒居家照護全圖解
新手父母一次上手育兒百科！

日常基礎照護✕小兒常見疾病✕產後常見問題✕產婦乳腺疏通✕中醫體質調理 權威醫師給你最完善解答

台灣母嬰月子醫學會

作者	台灣母嬰月子醫學會
總主編	陳建輝
副主編	蕭善文、黃俊傑、蕭雁文、李聖涵
責任編輯	張文馨、闕麗容、彭意雯、劉筱薇、周玟安、黃景宏、陳泰宇、歐陽辰、陳文豐、沙政平、許伯榕、詹益能、蔡坤儒、陳琬菁、劉育丞、劉虹伶、吳淳惠、丁慧如、莊玉菁

創意市集

責任編輯	溫淑閔、李素卿
主編	溫淑閔
版面構成	江麗姿
封面設計	走路花工作室
行銷企劃	辛政遠、楊惠潔
總編輯	姚蜀芸
副社長	黃錫鉉
總經理	吳濱伶
發行人	何飛鵬
出版	創意市集

發行	城邦文化事業股份有限公司
	歡迎光臨城邦讀書花園
	網址：www.cite.com.tw
香港發行所	城邦（香港）出版集團有限公司
	香港灣仔駱克道 193 號東超商業中心 1 樓
	電話：(852) 25086231
	傳真：(852) 25789337
	E-mail：hkcite@biznetvigator.com
馬新發行所	城邦（馬新）出版集團
	Cite (M) SdnBhd 41, JalanRadinAnum, Bandar Baru Sri Petaling, 57000 Kuala Lumpur,Malaysia.
	電話：(603) 90578822
	傳真：(603) 90576622
	E-mail：cite@cite.com.my
印刷	凱林彩印股份有限公司
2 版 2 刷	2023 年（民 112）8 月
	Printed in Taiwan
定價	380 元

客戶服務中心
地址：10483 台北市中山區民生東路二段 141 號 B1
服務電話：（02）2500-7718、（02）2500-7719
服務時間：週一至週五 9：30 ～ 18：00
24 小時傳真專線：（02）2500-1990 ～ 3
E-mail：service@readingclub.com.tw

※ 詢問書籍問題前，請註明您所購買的書名及書號，以及在哪一頁有問題，以便我們能加快處理速度為您服務。

※ 我們的回答範圍，恕僅限書籍本身問題及內容撰寫不清楚的地方，關於軟體、硬體本身的問題及衍生的操作狀況，請向原廠商洽詢處理。

※ 廠商合作、作者投稿、讀者意見回饋，請至：
FB 粉絲團‧http://www.facebook.com/InnoFair
Email 信箱‧ifbook@hmg.com.tw

國家圖書館出版品預行編目 (CIP) 資料

產婦‧新生兒，居家照護全圖解：新手父母一次上手育兒百科！日常基礎照護 X 小兒常見疾病 X 產後常見問題 X 產婦乳腺疏通 X 中醫體質調理，權威醫師給你最完善解答 暢銷修訂版 / 台灣母嬰月子醫學會著 . -- 初版 . -- 臺北市：創意市集出版：城邦文化發行 , 民 111.04
面； 公分

ISBN 978-986-0769-79-1(平裝)

1. 婦女健康 2. 產後照護 3. 育兒

429.13 111000351